進化論はなぜ哲学の問題になるのか

生物学の哲学の現在〈いま〉

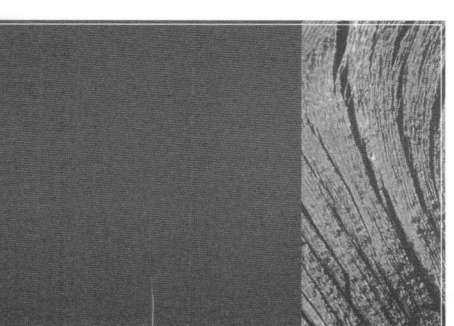

松本俊吉［編著］
Shunkichi Matsumoto

Why does evolution matter to philosophy?

勁草書房

まえがき

　本書を出版することになったいきさつは，2006年に北海道大学で開催された日本科学哲学会におけるワークショップ「生物学の哲学の現状と展望」が翌年の『科学哲学』誌の特集扱いになった際，それを見た勁草書房の徳田慎一郎さんから「本にしていただけませんか」というお誘いを受けたことにある．さっそく勁草書房に出向いてお話をお伺いしたところ，いま人文系の出版が危機に瀕しているらしい．狭い業界やサークルの内部では一定の読者層を確保しているが，なかなかそれ以上広がっていかない．しかし生物学の哲学は，「人文系」「哲学系」という領域を超えて幅広い読者を惹きつけるポテンシャルを持っている．そうした生物学の哲学の今後の展開に期待したい，というお話だった．結構重い課題を突きつけられたと感じた．

　本書でこの課題にどこまで答えられているか確信はない．しかし本書に寄せられた9本の論考を見ると，自然選択による進化のメカニズムから，進化と階層システム，生物学における目的論の使用，確率概念の哲学的意味，理論間還元，種の定義や分類の方法論，歴史科学の方法論，人間行動の進化，進化論と倫理というように，進化論を中心としながらも，様々な関連分野（科学哲学，生物学，システム理論，数学，物理学，心理学，人類学，歴史学，倫理学，etc.）と多かれ少なかれ接点を持つようなバラエティーある話題が論じられている，とは思う．

　本書は当初，基本的に専門家でなく一般読者を対象とした「教科書」として編纂される予定だった．したがって各執筆者には，各々のテーマに関する基本的な問題状況をわかりやすく叙述すること，そして執筆者独自の主張はあまり前面に出さないことをお願いした．しかしこうして完成されたものを見ると，「教科書」と「学術論文集」の中間あたりに位置するものになっているように

感じる．すなわち，オリジナルな議論は最小限におさえ基本事項の解説に重点が置かれている点では教科書的であるが（ただし例外的な章もある），各章のテーマの選択は基本的に執筆者の研究関心を反映したものであり（つまり生物学の哲学の体系的・網羅的な解説では必ずしもなく），しかもそのテーマへのアプローチにもかなりの程度各々の執筆者独自の視点が反映されているという点では論文集的な性格を持っている．

本書の各章は大まかに，基本的・原理的な問題から次第に個別的・応用的な問題へという順番で配置してある．

第1章で松本は，自然の階層構造の中のどのレベルで自然選択が作用すると考えるのが妥当なのかという，いわゆる選択の単位の問題を論じている．第2章で中島は，生命の階層構造の本性について，特に自然選択による進化との関係という観点から突っ込んだ考察を行っている．第3章で大塚は，今日の生物学において，対象の中に合目的性を認める目的論的言明はいかなる役割を果たしうるのかという問題を認識論的・存在論的な両側面から分析する．第4章で森元は，進化論における確率概念の使用と，進化現象の決定性との関係について論じている．第5章で太田は，心理学理論は生物学理論に，そして生物学理論は物理学理論に還元可能なのかという理論間還元の問題を論じている．第6章における網谷のテーマは，生物学的な種とは何か，またそれはどのように定義されるべきかという，種問題である．第7章で三中は，生物分類学に見られる「分類思考」と進化系統学に見られる「系統樹思考」という二つの異なる思考法を対置する．第8章において中尾は，人間社会生物学，遺伝子と文化の二重継承説，進化心理学，人間行動生態学といった諸々のリサーチ・プログラムの盛衰を辿りつつ人間行動の進化論的研究を紹介している．第9章で田中は，進化論の知見を援用して倫理学の問題にアプローチする進化倫理学の試みについて論じている．

各章のタイトルからは，その内容は一見バラバラのように見えるかもしれないが，いくつかのテーマは複数の章にまたがって論じられている．たとえば，集団選択（グループ選択）は第1章では選択の単位の重要な一候補として，第2章では階層間の因果決定性（特に下向決定性）の問題との関連で，さらに第9章では利他性の進化の説明との関連で登場する．ちなみに利他性の進化の問

題は，第1章でも第9章でもそれぞれ大きな位置を占めているが，前者では自然選択のメカニズムの解明という理論的な観点から，後者ではそれが本来有する倫理的な観点から取り上げられている．他方進化論の人間への適用に関連する問題を論じているという点で，第9章は第8章と同じ土俵に立っている．実際人間社会生物学的なアプローチの是非が，両章での議論の一角を占めている．ただし第8章では人間行動の記述的な説明の観点から，第9章では倫理上の問題との関連からではあるが．他方で，自然選択による説明の万能性をめぐる適応主義の問題は第3章と第8章の議論にかかわってくる——ただし第3章では目的論的発見法の陥りがちな罠として，第8章では人間社会生物学や人間行動生態学で採用されている最適化仮説という方法論の問題として．ひるがえって，生物学（進化論）と他の個別諸科学（物理学，心理学，神経科学）との理論構造上の内的関係（あるいは理論間還元関係）という，すぐれて科学哲学的な問題は，第4章と第5章の重要なテーマとなっている．前者では進化論の論理構造をニュートン力学や量子力学の決定論的／非決定論的世界観と突き合わせることによってあぶりだし，後者では心理学→生物学→物理学という，高次科学のより基礎的な科学への還元という図式の維持可能性を追求している．また生命の階層構造間の還元可能性の問題は，第2章の背景テーマでもある．そして最後に，分類学ないし生物体系学上の問題が第6章と第7章の共通のバックボーンとなっている．前者では「種」の定義にともなう恣意性の問題を分類学者の認識論のレベルまで深く掘り下げて論じており，後者では分類や系統推定における恣意性が「進化の歴史を扱う科学は可能か」という科学方法論的な問題との関連で論じられている．

　本書を手に取った読者でさらに深く生物学の哲学（もしくはより体を表した名で呼ぶなら，進化論の哲学）を学んでみたいと思われた方々のために，最近われわれの手によって翻訳された比較的平易な入門書を二冊紹介しておこう．

　E. ソーバー著（松本・網谷・森元訳）『進化論の射程：生物学の哲学入門』春秋社，2009年．
　K. ステレルニー＋P. グリフィス著（太田・大塚・田中・中尾・西村・藤川訳）『セックス・アンド・デス：生物学の哲学への招待』春秋社，2009年．

あとは各自の興味と関心の程度に応じて，本書の各章末の引用文献一覧に挙げられている欧米の文献を当たられたい．

最後に，わが国の生物学の哲学は成長途上の若くて未完成な分野である．本書に収められた論考もこうした発展途上の性格を反映しており，実際本書の執筆者の半分近くは大学院生の諸君である．読者の方々の忌憚のないご批判やフィードバックを頂戴し，それを「成長ホルモン」と化すことで，もっともっとこの分野を発展させていければと，本書の責任編集者として切に願っている．

2010年2月14日

松本俊吉

目　次

まえがき

第1章　自然選択の単位の問題 ……………………… 松本俊吉　1
　1.1　選択の単位の問題小史　1
　1.2　対立遺伝子選択主義をめぐる問題　4
　1.3　集団選択説をめぐる問題　14

第2章　生物学的階層における因果決定性と進化 … 中島敏幸　27
　2.1　はじめに　27
　2.2　システムと階層　28
　2.3　生物学的実体による通時的な階層形成　32
　2.4　自然選択と進化個体群　36
　2.5　階層間の因果決定性　39
　2.6　階層と選択のレベル　45
　2.7　おわりに　50

第3章　生物学における目的と機能 ………………… 大塚　淳　53
　3.1　目的論とは：今日における問題　53
　3.2　目的指向性と因果的説明　54
　3.3　進化生物学における機能言明　60
　3.4　発見法としての目的論　65
　3.5　「型の一致」と適応主義批判　68
　3.6　結語　72

第4章　進化論における確率概念 …………………… 森元良太　75
　4.1　なぜ確率概念が問題になるのか　75

4.2　決定論的世界観　78
　4.3　非決定論的世界観　81
　4.4　不可知論と一般化　85

第5章　理論間還元と機能主義　……………………太田紘史　95
　5.1　理論間還元モデル　95
　5.2　多重実現可能性と機能主義　100
　5.3　論争と展開(1)　多重実現再考　106
　5.4　論争と展開(2)　機能主義再考　109

第6章　種問題　……………………………………網谷祐一　121
　6.1　はじめに　121
　6.2　生物学的種概念　124
　6.3　系統学的種概念　127
　6.4　多元主義　130
　6.5　種の存在論的地位──種は個物か　131
　6.6　おわりに──「種」の認識論的意義　135

第7章　系譜学的思考の起源と展開：系統樹の図像学と形而上学
　　　　…………………………………………………三中信宏　141
　7.1　はじめに：分類科学と古因科学　141
　7.2　分類思考：形而上学的パターン認知　144
　7.3　系統樹思考：アブダクションによる推論　152
　7.4　ふたつの思考法：メタファーとメトニミーのはざまで　155
　7.5　おわりに：系統樹の図像学と形而上学　158

第8章　人間行動の進化的研究：その構造と方法論
　　　　…………………………………………………中尾　央　163
　8.1　起源：人間社会生物学　164
　8.2　代案(1)：遺伝子と文化の二重継承説　168

8.3　代案(2)：進化心理学　173
　8.4　継承：人間行動生態学　177
　8.5　結語　180

第9章　進化倫理学の課題と方法 ……………………… 田中泉吏　185
　9.1　はじめに　185
　9.2　進化倫理学とは何か　186
　9.3　倫理の進化を探るために　188
　9.4　「遺伝子の倫理」は可能か　196
　9.5　倫理は主観的か、客観的か　200
　9.6　おわりに　203

用語解説　207
人名索引・事項索引　231
執筆者紹介

第1章　自然選択の単位の問題

松本俊吉

1.1　選択の単位の問題小史

　自然選択の単位の問題とは，ありていに言えば，生物世界の階層構造（対立遺伝子，遺伝子型，染色体，細胞，個体，集団，種，群集，etc.）におけるどのレベルで自然選択が作用するのかという問題である．可能性としては上記の様々な階層レベルにおける対象のすべてが「選択の単位」の候補となりうるが，以下に見ていくように，これまで進化論の歴史の中で主として問題となってきたのは，個体，集団，遺伝子（対立遺伝子もしくは遺伝子型）のレベルである．歴史的にまず問題となったのは，利他性の進化の現象の説明のために集団選択の考えを導入する必要があるのか否かということであった．その後，近年の「遺伝子の目から見た進化 gene's eye view of evolution」の観点の流行とともに，果たして進化の現象はすべて遺伝子の視点から説明できるのか，ということが問題となった[1]．

　以下の各節でこれらの問題を検討していくに先立って，まず選択の単位論争の歴史を簡潔に振り返っておきたい．チャールズ・ダーウィンは一般的には，個体間に働く選択を主に想定していたと言われるが，『種の起源』や『人間の由来』の中では，たとえば社会性昆虫やヒトに見られる自己犠牲的な協力行動が，そうした行動を体現した個体を含む集団と含まない集団との間の選択を通じて進化してきたのではないかという可能性を示唆している箇所もある (Darwin 1859, pp.236, 241; Darwin 1871, pp.163, 166)．その後1940年代から60年代

1）　その他にも，スティーブン・J・グールドらによって提起された「種選択」の概念もある程度の議論を呼んだが，本章では扱わない．

にかけて，利他行動の解釈をめぐって一時的に集団選択（ないしは群淘汰）の考えが流行を見せた．たとえばヴェロ・ウィン＝エドワーズは，個体はそれが属する集団の資源が消尽されるのを避けるため自らの消費行動を抑制するとし，そうした自己抑制的な個体からなる集団の方がそうでない集団よりも有利となると論じた（Wynne-Edwards 1962）．コンラート・ローレンツは，肉食動物が「儀礼的戦闘」によって実際の殺し合いを回避するのは，「種の維持」のためであると論じた（Lorenz 1966）．しかし，そうした古典的な集団選択の考えは，ジョージ・ウイリアムズが1966年に出版した影響力のある書『適応と自然選択』によって，決定的な打撃を与えられることになる（Williams 1966）．彼は，これまで集団選択の視点で語られてきた現象の大部分は，従来の個体選択の視点によっても同等に記述可能であること，そして，もしそのように同一の現象の異なる視点からの記述が入手可能であるときは，哲学的な「節約の原理」——いわゆる「オッカムの剃刀」——の観点から，不要な論理的措定物を導入する必要のない，より思考の経済に適った低次の説明の方が優れていることを，説得的に論じた．さらに彼は，この個体選択のプロセスも畢竟，選択が作用している当該の生物集団における遺伝子プール内の単一対立遺伝子の頻度変化として記述可能であり，したがって対立遺伝子こそが真の選択の単位の名に値する，と論じた．個体ないしその表現型は，厳密な意味では遺伝可能性を欠いた，その肉体が朽ちるまでの短命の存在でしかなく，また表現型発現の基礎にある遺伝子型でさえも，減数分裂のたび毎に分断される永続性を欠いた実体にすぎないからである．

さらにウイリアム・D・ハミルトンは「血縁選択」と「包括適応度」の概念を導入し，従来の個体選択の観点からは説明できない真社会性昆虫などにおける利他行動の現象を，そうした行動をコードした遺伝子がその複製の伝播を促進するために採用する適応戦略として説明する可能性を開いた（Hamilton 1964a, b）．

これを受けてリチャード・ドーキンスは1976年の『利己的な遺伝子』において，自然界のあらゆる選択進化の過程は，究極的には遺伝子プールにおける自らの頻度の増加のための遺伝子の「利己的」な適応戦略の結果として理解できるという主張を強力に展開した（Dawkins 1976）．さらに彼は，1982年の『延

長された表現型』において，生物個体の身体に属する表現型だけでなく，その個体の適応的行動によって形成される「構築物 artifact」（たとえばクモの巣，ビーバーのダム）や，またそれによって「操作」される他個体の行動（たとえばカッコウによって操作されるその宿主の行動，アリマキによって操作されるアリの行動）も，そうした行動をコードしている「利己的遺伝子」の適応戦略——すなわち「延長された表現型」——として理解可能であるとし，「遺伝子の目」から見た生物進化の記述をいっそう盤石なものとした（Dawkins 1982a）．

　他方で，いったんはウイリアムズの批判によって息の根を止められたかに見えた集団選択の考えが，数理集団遺伝学や実験生物学の研究といった別の文脈において復活してきた．セウォール・ライトはすでに1945年の時点で，「社会的には有利だが個体の観点からは不利な」形質が進化しうる数学的条件をスケッチし，「何らかの形態の集団間の選択」なしにこうした形質が固定されることは困難であろうと述べていた（Wright 1945）．マイケル・ウェイドは，コクヌストモドキ（*Tribolium castaneum*）を用いた実験室研究によって集団選択の効果を実証し，それを「デーム内集団選択 intra-demic group selection」と名づけた（Wade 1976）．そしてデイヴィド・S・ウィルソンは，哲学者のエリオット・ソーバーと組んでこの新しいタイプの集団選択の考えを精力的に唱道している（Sober and Wilson 1998; Wilson and Sober 1994）．これは現在，ウィン＝エドワーズ流の古典的集団選択とは異なる新たな集団選択の考え方として，再び注目を集めている．すなわち，古典的集団選択の考えでは，「集団対集団の競争において，より生産性の高い集団が繁栄する」という形の，いわば個体のレベルで成立していた「最適者生存」の論理をそのまま集団のレベルへと上滑りさせた見方に依拠していた．それに対して，この近年の新たな集団選択の考えでは，生存・繁殖の成功を測定する基準はあくまで個体であり，ただその個体の成功度が，それが属している集団の構成——つまり集団の他のメンバーの属性（利他的か利己的か）と頻度——に依存することをもってして，集団を「相互作用子」[2]とみなそうというアイデアに依拠している．けれども，こうした新たな集団選択の考えに対して，ハミルトンやウイリアムズ，ドーキンスの

---

2)　注4）を参照．

流れを汲む個体選択主義者もしくは遺伝子選択主義者から，集団選択という概念抜きに同一の現象を説明する対案が提供され，現在でも論争は継続中である．

以下では，まず1.2節でウイリアムズやドーキンスによって提起された遺伝子選択主義をめぐる問題を検討した後，1.3節で上述した近年の集団選択の考えをめぐる問題を検討することにする．

1.2 対立遺伝子選択主義をめぐる問題

ウイリアムズ=ドーキンスの対立遺伝子選択主義

自然選択とは結局のところ対立遺伝子間の生存闘争における対立遺伝子間の選択のことである，という対立遺伝子選択主義[3]の考え方は，進化を「遺伝子プールにおける対立遺伝子の頻度変化」として定義する，ロナルド・フィッシャー，ライト，J・B・S・ホールデンらによって20世紀の前半に打ち立てられた数理集団遺伝学の理論的枠組みに潜在的にはすでに内在していたものである．こうした考え方を顕在化させ，それを「遺伝子の目から進化を見る」一つの哲学的生命観として打ち出してきたのが，1.1節ですでに述べたウイリアムズやドーキンスである．

自然選択による進化は個々の生物個体の世代時間を超えて長期的に継続していく現象である．それゆえドーキンスによれば，選択の単位の名に値する実体──すなわちそうした長期的な現象の〈受け皿〉となりうる実体──は，その複製を通じて一個の「系統 lineage」を形成し，世代を超えてその情報（性質）が連綿と継承されていく「複製子」でなければならない（Dawkins 1976）[4]．そ

---

[3]「遺伝子の目から見た進化」もしくは「遺伝子選択 gene selection」という表現には，（個体選択や集団選択との対比に重点を置いて）対立遺伝子だけでなく遺伝子型・同一の形質の発現に関与している一連の遺伝子型・染色体・ゲノムなどをも包括的に選択の単位として含める場合と，厳密に対立遺伝子選択を意味する場合とがある．「対立遺伝子選択 genic selection」という表現は，特に後者を前者から区別する際に用いられる．

[4] ドーキンスは，「複製子 replicator」と「乗り物 vehicle」という区別を導入する．前者は，コピーされることによって増殖し，祖先-子孫系列を形成するようなあらゆる実体を指し，後者は，そこに「乗っている」複製子によって構築され，その複製子の存続と伝播のためにプログラムされた生存機械を指す．ドーキンスにおいては，これらはほぼ遺伝子と生物個体に対応する（Dawkins 1976）．これに対して，後にデイヴィド・ハルが「乗り物」に換えて「相互作用子 interactor」の概念を導入し，複製子の複製見込みに影響を与えうる，生物個体以外の実体（たとえばゲノムとか集団など）をも包

うした複製子どうしの競争において次第に優勢となっていくのは，長寿性（longevity）と多産性（fecundity）と複製の精確さ（copying fidelity）とを兼ね備えた複製子である．すなわち，長寿で壊れにくいことによって多くの複製の機会を持つことができ，ライバルの複製子を圧倒するほど多産であり，かつ複製エラーを最小限にとどめ祖先－子孫系列を形成するのに十分なほど精確にその情報（ないし性質）が複製されるような複製子である．しかるにこうした条件を厳密に満たしうるのは，対立遺伝子をおいて他にない．ゲノムや染色体や遺伝子型などは，（体細胞系列ではせいぜい一世代止まりであるが）生殖細胞系列においてさえ減数分裂のたび毎に分断される永続性を欠いた実体でしかないからである．

確かに，核酸からなる物理的実体としての対立遺伝子（数的同一性を備えたトークンとしての個々の対立遺伝子）それ自体は永続性を持たない．しかし対立遺伝子をそれが有している情報によって定義するならば——すなわち同じ情報を担った多数の対立遺伝子トークンによって共有された性質タイプとしてそれを定義するならば——，それはある一個の生物体の肉体が朽ちるとも複製の系列を通じて半永久的に後世へと継承されていく[5]．したがって，世代を超えた長期的なプロセスとしての進化の結果獲得される利得（すなわち適応形質）を担うことのできる実体は，対立遺伝子をおいて他にないことになる．とすれば，逆に見れば，選択によるあらゆる進化は究極のところ，対立遺伝子の有する何らかの有利／不利な性質のゆえに生じる，対立遺伝子を主体としたものとみなすことができることになる．これが，ドーキンスが「能動的な生殖系列複製子 active germ-line replicator」の概念によって意味しようとしたことである（Dawkins 1982b）．「能動的」とは，複製子が自らの複製の見込みに影響を与えうる——すなわちそれが有している性質の優劣によってその選択進化の成否が決まる——ということである．また複製子が「生殖系列」にあるということは，生物個体の死とともに朽ち果てる体細胞遺伝子——「行き止まり複製子 dead-

---

括しうるように，「乗り物」の概念を一般化した（Hull 1980）．
[5]「トークンとしての遺伝子」とは，数的に同一な一個の物理的実体としての遺伝子を意味する．「タイプとしての遺伝子」とは，同じ情報を共有した遺伝子トークンの集合を意味する．したがって，同じ情報を担った異なる遺伝子は，タイプとしては同一だがトークンとしては別物だということになる．

end replicator」——とは異なり，その情報が世代を超えて継承されていくための必要条件である．かくしてドーキンスにおいては，自然界におけるあらゆる選択過程は，究極的には対立遺伝子が持つ有利／不利な性質の選択に帰着するという，「対立遺伝子選択一元論」とでも呼ぶべき普遍主義的な主張が打ち出されてくるのである．

　対立遺伝子を選択の単位として見るドーキンスの立場が最も印象的に表現されているのは，おそらく『利己的な遺伝子』の中で彼がボートクルーの選抜の場面を喩えとして議論している箇所であろう．オックスフォード対ケンブリッジの大学対抗ボートレースに出場するクルーメンバーを，チームコーチが数多の部員の中から選抜するという場面を考えてみよう．ボートレースはバウ・整調手・コックスその他合計9人の共同作業であり，それぞれのポジションにそれを専門とする一群の候補者がいる．コーチはその中から，各ポジションにおいて最高の候補者を選抜してレギュラーメンバーを組まねばならない．そこでコーチは，次のような選抜方法を考案する．毎日，ランダムに編成した試験的なクルーを3組作り，それらを互いに競わせる．こうしたやり方を数週間続けると，レースに勝った強いクルーにはしばしば同一人物が入っていたということがわかってくる．これらの人物は優れた漕手として，レギュラー候補に入れられる．他方で，常に弱いクルーに顔を見せている選手はレギュラー候補から外される．けれども，優秀であると折り紙つきの漕手が入っているクルーが，常に連戦連勝というわけではない．ボートレースはあくまで共同作業であるため，強い漕手がたまたま弱い漕手と一緒のクルーに入ってしまえばレースには勝てない．あるいは文句なく強いクルーであっても，たまたま運悪く逆風に見舞われて失速することもある．したがって，優秀な漕手がレースに勝つクルーに入っている可能性が高いというのは，あくまで平均としての話である．

　さてここで，ボートの各ポジションを争うライバルの漕手は，一本の染色体上の同一の遺伝子座を占めうる対立遺伝子に相当する．レースに勝つことは生存と繁殖に成功する身体を構築することを，風は外部の環境を，交代要員の予備軍は遺伝子プールを意味する．このとき，確かによい遺伝子が，たまたま同じ身体の中で致死的遺伝子と同居していたため——あるいは落雷のような予期せぬ不運に見舞われて——滅んでしまうことはある．しかしその同じよい遺伝

子のコピーは，他の身体の中では概して繁栄しており，平均として見れば，やはりよい遺伝子を持った身体は成功する可能性が高い．その逆も然りである．彼は言う．「しかし定義によって，運・不運はランダムに起こるものだ．したがって，いつも負けの側にいる遺伝子は運が悪いのではない．それは駄目な遺伝子なのだ」(Dawkins 1976, pp.38-39, 拙訳).

　すなわち，ある一個の対立遺伝子の適応度は，それが入っている個々の生物個体が示す，生存と生殖における現実の成功度によって定義することはできない——なぜなら，「よい遺伝子」がある特定の現実の局面において，何らかの偶然によって滅んでしまうこともあるから．けれどもその対立遺伝子が入っている多数の生物個体を考えたとき，その適応度は，それら多数の個体の生存／繁殖成功度の平均値（期待値）として定義可能である．換言すれば，一個一個のトークンとしての対立遺伝子ではなく，タイプとしての対立遺伝子を考慮に入れることによって，はじめて対立遺伝子の適応度について語りうるというわけである．

ヘテロ接合体優位に基づく反論

　さて，こうしたウイリアムズ＝ドーキンス流の対立遺伝子選択〈普遍〉主義に対して，「ヘテロ接合体優位 heterozygote superiority」という反例を引っさげて個体選択の立場から反論したのが，エリオット・ソーバーとリチャード・ルウィントンである (Sober and Lewontin 1982)．ヘテロ接合体優位とは，ある表現型形質が A と a を二つの対立遺伝子として擁する一つの遺伝子座によって担われているという「1 遺伝子座 2 対立遺伝子モデル」が成立するという単純なケースにおいて，ヘテロの遺伝子型 Aa の適応度が，他の二つのホモの遺伝子型 AA, aa の適応度のいずれよりも高くなる場合を指す（「超優性」とも呼ばれる）．これに該当するよく知られた実例として，鎌状赤血球貧血にかかわる遺伝子を挙げることができる．これは，アフリカや地中海沿岸地方に多く見られる遺伝性疾患で，赤血球の基になるヘモグロビンの形成に関与する遺伝子座において，正常な対立遺伝子 A から変異した異常な突然変異型対立遺伝子 a によって不完全なヘモグロビンが形成されることによって起こる．その結果，作られた赤血球の形が鎌形あるいは三日月形に変形し，それが毛細血管に詰ま

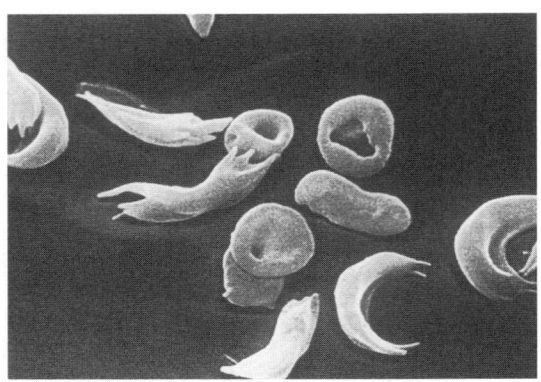
ⓒScience Source/Science Source
図1.1 鎌状赤血球

って酸素や栄養分の運搬を滞らせ，ヘテロ Aa で軽い貧血，ホモ aa で重度の，場合によっては致死的な貧血に陥る（図1.1）．ところが他方で，こうした変形した赤血球は，熱帯・亜熱帯地域に生息しているマラリア原虫の血液感染を阻止するという副次的な効果を有しているため，遺伝子プールにおける変異遺伝子 a の頻度の増大とともに当該の集団におけるマラリア耐性も増大することになる．かくして，一方における赤血球本来の酸素・栄養素運搬機能の優劣と，他方におけるマラリア耐性の有無という，二重の選択要因が同時に作用した際の一種の平衡点として，ヘテロの遺伝子型 Aa が3つの遺伝子型の中で最も高い適応度を示すことになる．

　図1.2は，ソーバーの『自然選択の本性』に出てくる，同じ事例を記述したダイアグラムである（Sober 1984, p.180）．ここで，対立遺伝子 A の頻度が0から1まで変化する間（横軸），3つの遺伝子型 Aa, AA, aa の適応度は終始一定値を保っているが，対立遺伝子 A, a の適応度は遺伝子プール内におけるそれらの頻度に応じて変動する（A の頻度が1に近いときには，有利な遺伝子型ペア Aa を形成しやすい対立遺伝子 a の適応度が高く，不利な遺伝子型ペア AA を形成しやすい対立遺伝子 A の適応度は低くなる．A の頻度が0に近いところでは逆に，有利な Aa を形成しやすい A の適応度が高く，不利な aa を形成しやすい a の適応度は低くなる）．彼らによれば，「マラリア原虫の生息する環境」という明確に限

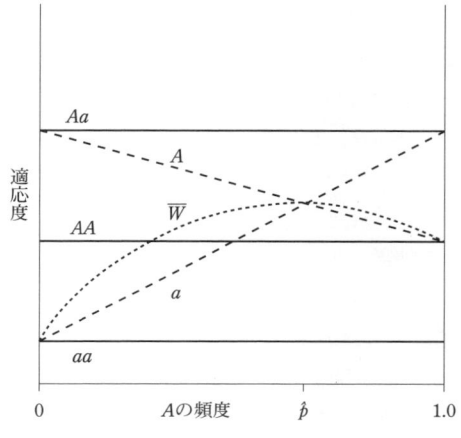

図1.2 ヘテロ接合体優位
$\overline{W}$は集団内の個体の適応度平均, $\hat{p}$は集団が安定的均衡に達するときのAの頻度を表す. (Sober (1984) p.180の図を改変)

定された文脈において,「ヘテロ接合体優位」という一定の帰結をもたらす選択過程を担う選択の単位は, 常に一定の適応度を保持していなければならない. それゆえ, こうした一定の背景的環境にあるにもかかわらず, 自らの出現する頻度に応じてその適応度を変動させる「頻度依存型適応度」を伴った対立遺伝子は, この選択過程を担いうる安定的な選択の単位とはみなせない. すなわちこの事例においては, あくまで遺伝子型の有する適応度の相違が真の原因となって当該の選択過程が引き起こされているのであって, 遺伝子プールにおける対立遺伝子の頻度変化はその結果として起こる付随現象にすぎない. したがって, 上述のダイアグラムを用いて数学的に対立遺伝子 A, a の「適応度」を計算してやることは不可能ではないが, こうして算定された「対立遺伝子適応度」は, 選択過程の因果的起点としての役割は果たさない. ソーバーの有名な区別を用いれば, この選択過程においては,「遺伝子型のための選択 (selection for)」は存在しても,「対立遺伝子のための選択」は存在しない. あるのは単に「対立遺伝子の選択 (selection of)」だけである[6]. ところで, この事例が「1遺伝子座2対立遺伝子モデル」に適合しており, 遺伝子型と表現型が1対

1に対応している点に鑑みれば,「これこれの遺伝子型を持った個体」と「これこれの表現型を持った個体」との外延は一致する.したがってこの事例は,遺伝子型を単位とする選択過程とみなしても,人間個体を単位とする選択過程とみなしても同じことであり,いずれにせよそれは,ウイリアムズ=ドーキンス流の対立遺伝子普遍主義に対する反例を提供することになる[7].

遺伝子選択主義者からの擁護

さて,これに対して今度は,生物学の哲学者キム・ステレルニーとフィリップ・キッチャーが1988年に発表した共著論文において,ある実体の適応度が「文脈依存性」もしくは「頻度依存性」を示すことは,その実体が選択の単位ではないことの証明とはならない,と反論した(Sterelny and Kitcher 1988).彼らによれば,選択される実体が,その背景環境に応じてその適応度を変動させることは,当たり前の事態である.たとえば,ジョン・メイナード=スミスが開発した進化ゲーム理論におけるタカ・ハト戦略の進化のシミュレーションにおいては,あるタカ個体の(一回限りの相互作用における)適応度は,当然ながら,それが相互作用する相手が同じタカであれば(互いに闘って共にダメージを負う可能性が高いので)低くなり,ハトであれば(相手を圧倒して戦果を独り占めするので)高くなる.ということは,そのタカが属する集団全体の中のタカ個体の頻度をp,ハト個体の頻度をqとし,相手がタカであるときの低い適応度をw,相手がハトであるときの高い適応度をWとすれば,そのタカ個体がランダムに相手を選んで一回限りの相互作用をする際のその適応度の期待値$\langle W \rangle$は,

---

[6) 「Xのための選択(selection for X)」とは,Xという実体が有している何らかの有利/不利な性質が直接原因となってXが選択されるという場合であり,「Xの選択(selection of X)」とは,Xとは無関係な他の実体Yのために生起している選択過程において,たまたまXがYとリンクしていたために,結果的にXもそれに便乗して選択されるという場合である(Sober 1984, Chap.3.2).
[7) 慧眼な読者は気づかれたと思うが,ウイリアムズ=ドーキンスの側とソーバーの側とでは,同じ「選択の単位」という表現を若干異なった意味で捉えており,結果として論争が必ずしも噛み合っていないところがある.すなわち前者は,精確な複製を通じて選択進化の結果の長期的な受け皿となりうる実体として——すなわち「複製子+受益者」といった意味合いで——「選択の単位」を捉え,後者はその都度の選択過程において直接環境と相互作用する実体として——すなわち「相互作用子」の意味合いで——「選択の単位」を捉えている.論争当事者による用語の恣意的な理解に起因する選択の単位論争のより一層の錯綜化という点に関しては,Lloyd (2000) で詳しい分析が施されている.

1.2 対立遺伝子選択主義をめぐる問題　11

$$\langle W \rangle = pw + qW$$

で与えられることになる．この $\langle W \rangle$ は p, q の値に応じてその値を変動させる頻度依存型適応度であるが，だからと言ってそれが真の因果性を反映していないということにはならない．選択される実体の適応度の値が，それがどのような背景環境に置かれているかによって変化するということは，自然選択のモデルにおいてはいわば自明のことであり，適応度の文脈依存性もしくは「頻度依存型選択frequency-dependent selection」の考え方は，進化生物学においてはすでにお馴染みの概念ツールとなっている．

　さらに，ステレルニーとキッチャーは，「遺伝子環境」という概念を新たに提起する．対立遺伝子選択モデルを首尾一貫して維持するためには，そもそもそこで問題となる〈環境〉の概念からして，「対立遺伝子にとっての環境」というそれに見合ったものへと定義し直す必要がある．先の鎌状赤血球貧血の事例において，ソーバーとルウィントンによれば，「マラリア原虫が生息する環境」において一定の安定的な適応度を示したのは遺伝子型（すなわち個体）であって対立遺伝子ではないということであったが，これはそもそも，この環境の概念が対立遺伝子に見合った仕方で定義されていなかったことによる．ある特定の対立遺伝子（たとえば A）にとっての環境とは，その外部すべてであり，そこには相同染色体の対応する遺伝子座におけるもう一方の対立遺伝子が A であるか a であるかということも含まれる．すなわち，ある対立遺伝子にとって，「もう一方の対立遺伝子が A である環境」と「もう一方の対立遺伝子が a である環境」とは，異なる環境としてみなさねばならないのである．他方で「マラリア原虫が生息する環境」というのは，あくまで遺伝子型（すなわち個体）の観点から定義された環境である．なぜならば，「マラリア原虫が生息する環境」とはヘテロの遺伝子型 Aa の適応度が最大となるような環境のことであり，「マラリア原虫が生息していない環境」とは（貧血をもたらさない）ホモの遺伝子型 AA が最適となるような環境のことであるからである．しかし対立遺伝子の観点から見れば，これらのいずれの環境も，ことさら有利であるわけでも不利であるわけでもない．そのような仕方で二つの環境を〈線引き〉することは，遺伝子型（あるいは個体）の観点からは有意味であっても，対立遺伝

子の観点からは意味をなさないのである．

多元論的遺伝子選択主義か階層的一元論か

　さて，以上の議論を踏まえ，ステレルニーとキッチャーは，選択の単位問題に対する立場を次の三種類に分類する．

　① 一元論的対立遺伝子選択主義（monist genic selectionism）
　② 多元論的対立遺伝子選択主義（pluralist genic selectionism）
　③ 階層的一元論（hierarchical monism）

　①は，ウイリアムズや1976年の『利己的な遺伝子』の時点におけるドーキンスが採用していた，「自然界のあらゆる選択はつまるところ対立遺伝子の選択に他ならない」という，これまで見てきたような普遍主義的かつ強硬な主張である．彼らは，この立場はもはや維持しえないものと考えている．それに対して②は，彼らの見立てでは，ドーキンスが1982年の『延長された表現型』の時点で採用し始めたより柔軟な対立遺伝子選択主義であり，彼ら自身それを妥当なものと考えている．それによれば，自然界の選択過程を記述する唯一正しい視点が存在するわけではない．たとえばクモの巣は，ドーキンスの考えに従って，それをクモに作らせることによって自らの適応度を増大させるべくプログラムされた遺伝子にとっての「延長された表現型」——すなわちクモという生物個体（遺伝子にとっての「乗り物」）の体の外部に発揮された当該遺伝子の表現型効果——と捉えることも可能であるが，そのことは個体選択の観点から，クモの巣を構築するクモの行動に焦点を当てて，それをクモという個体が有している行動形質の産物と見る従来の見方を排除するものではない．同一の選択過程を記述する複数の視点（対立遺伝子，遺伝子型，個体，集団，etc.）が存在するのであり，そのどれを選ぶかは，いわば観察者の選択ないしは規約の問題である．ただし，そうした様々な視点の中でも，対立遺伝子のそれは特別なメリットを有している．それは，それ以外の視点はケース・バイ・ケースで利用可能であったりなかったりするが（たとえば上述したヘテロ接合体優位のケースやクモの巣のケースでは，対立遺伝子や個体の視点は有効だが，集団の視点は無関係である），対立遺伝子の視点だけは，いついかなるときにも利用可能であると

いうことである．それに対して，彼らが断固として斥けるのが「階層的一元論」である．これは，ある特定の選択過程において現実に生起している因果的相互作用をいかに記述するかは単なる規約の問題ではなく，研究の対象となっている選択過程の性質によってその都度規定される唯一適切な記述の仕方（選択モデル）が存在するという実在論的な主張である．ステレルニーとキッチャーは，自然選択は何らかの唯一の「選択の標的 target of selection」の上に作用するという一元論的かつ実在論的な見方を斥け，異なる視点の等価性を主張する点において，自分たちのことを道具主義者あるいは規約主義者であるとさえ述べている（Sterelny and Kitcher 1988, p.359）．

　けれども彼らの立場には，いぜんとして以下のような問題が残る．ドーキンス，ステレルニー，キッチャーが「自然界のあらゆる選択過程は対立遺伝子の視点から記述可能である」と主張するとき，この「記述可能性」とはいったい何を意味しているのだろうか．ある意味でこの主張は，「進化とは，考察の対象となっている集団の遺伝子プールにおける対立遺伝子の頻度変化のことである」という集団遺伝学的な進化の定義から論理的に帰結する，トリヴィアルな主張であるとも言える．というのは，ある世代で起こった選択過程の結果は，それが生物個体を相互作用子とするものであれ，生物集団を相互作用子とするものであれ，遺伝子型を相互作用子とするものであれ，最終的には複製子である対立遺伝子——「発生上のボトルネック」としての半数体配偶子の段階において，減数分裂によって分離された遺伝子型の断片——の頻度変化として次世代に伝達されるということは，対立遺伝子選択主義者でなくとも誰もが認める事実であろうから．これは「帳簿的な意味（bookkeeping sense）での対立遺伝子選択主義」と呼ばれているものに他ならない．それに対して，もしそれが「自然界のあらゆる選択過程は，単一の対立遺伝子が有する適応価を伴う性質と，環境との因果的相互作用の結果として起こる」という「因果的な（実在論的な）意味での対立遺伝子選択主義」のことを意味しているのであれば，そうした普遍主義的な主張が果たして維持可能かどうかは疑問の余地がある．おそらく，そうした意味で対立遺伝子自身が相互作用子として振る舞い，自らの〈利益〉のために選択過程の因果的起点となると言えるのは，ごく少数の例外的なケース（注8）で触れている「無法者遺伝子」など）に限られるだろう．既

述のヘテロ接合体優位の事例においても，ステレルニーやキッチャーが唱道する，適切に設定された対立遺伝子環境の下での対立遺伝子の頻度依存型適応度——たとえば「もう一方の対立遺伝子が a である環境」において対立遺伝子 A が有する高い適応度——が，果たして，ドーキンス的な意味での「能動的生殖系列複製子」としての対立遺伝子 A が保持している適応価に帰することができるものなのかどうかは，直ちには明らかでない．というのも，それは単に，もともとは二倍体遺伝子型 Aa が有していた高い適応度を事後的に対立遺伝子の視点へと翻訳したものにすぎないかもしれないからである．

1.3 集団選択説をめぐる問題

さて次に，選択の単位問題のもう一つ別の側面の検討に入ろう．すなわち集団選択という考えの是非が問われる側面である．ここでの対抗馬は個体もしくは遺伝子である．個体の観点と遺伝子の観点は必ずしも常に一致するわけではないが[8]，集団選択説の是非が問われる場面に関しては，個体の観点と遺伝子の観点はしばしば同等なものと見なされる[9]．したがって以下ではこれを便宜的に「集団選択派 vs. 個体選択派」の問題として論じていくが，この場合の個体選択論者はたいてい遺伝子選択論者でもある（ウイリアムズ，ドーキンス，メイナード＝スミス，ステレルニー，キッチャー，リー・A・ドガトキン，ハドソン・K・リーヴなど）ことは，銘記しておいてよいだろう．

利他性の進化の問題

個体選択か集団選択かという切り口は，利他性の進化をいかに説明するかという問題を抜きにしては語れない．元来の個体選択主義的な枠組みでは，利他

---

[8] たとえば，それが入っている個体の生命を損ねてまで〈利己的に〉増殖するガン細胞を作るガン遺伝子や，減数分裂の際に相同染色体上のもう一方の対立遺伝子の複製率を下げてまで自らの複製率を50％以上に高める（その結果場合によってはそれが入っている個体の生存力や繁殖力を減じる）減数分裂ひずみ遺伝子（meiotic drive genes）などのいわゆる「無法者(アウトロー)遺伝子」の例においては，個体の利害と遺伝子の利害は一致しない．

[9] ただし，ハミルトンの血縁選択や包括適応度の考え方（後述）に見られるように，利他行動の進化に関しては，個体の利害と遺伝子の利害は厳密に言えば一致しない．

性はそもそも進化しえない現象であった．あらゆる生物個体は究極的には自らの利益（生存と繁殖における成功）のために行動するという個体選択主義的な公理をいったん採用すれば，自らの利益を犠牲にして他個体の利益を増大させるような行動は存在不可能ということになるからである．けれども自然界には，人間社会に見られる「惻隠の情」や他人どうしの助け合いのみならず，社会性動物（ライオン，サルなどの哺乳類や，ハチ，アリなどの真社会性昆虫）にもしばしば，自らの生存・繁殖上の利害を犠牲にしてでも直系の子孫でない他個体を援助するという行動が見られる[10]．たとえば，いわゆる「見張りカラス」は，群れが天敵のタカなどに襲われそうになったとき，大声を上げてわめき散らし，仲間のカラスに危険を告げ知らせる．個体選択主義的な観点からはこうした行動は謎である．そうした行動によって自分自身を天敵の恰好の標的としてしまうよりも，仲間を見捨てて自分だけさっさと逃げた方が合理的であるとも言えるからである．また「カミカゼミツバチ」などと呼ばれることもあるミツバチのワーカー（働きバチ）は，時によって巣に侵入しようとする外敵から自らの生命を犠牲にして巣を守る．というのは，その針には返し棘がついており，いったん刺すと，自分の腹部を引きちぎらないことには抜けないからである．そして，働きバチはメスであるが基本的に産卵能力がなく，自分の直系の子孫を残す見込みが最初から絶たれているにもかかわらず，献身的に女王バチのためにエサを集めてくる．したがって，個体選択的な観点からは理解不可能なこうした利他行動がいかにして進化しえたのかを説明するという困難な問題に，進化生物学者は頭を悩ませてきたのである．

ハミルトンの血縁選択と包括適応度

　当然ながら，従来の個体選択主義的な――あるいは遺伝子選択主義的な――立場からこの問題に対処しようとすれば，それは一見利他行動に見えるものは実はそうではない，すなわち利他行動は錯覚にすぎないということを示すというものにならざるをえない．たとえば，ハミルトンによる血縁選択の概念を用いた近縁個体間の利他行動の説明がその典型である．血縁集団に属する近縁個

---

[10] ただし，母親が身を捨てて危険に瀕した自分の子を守るというのは，自分の直系の子孫の保護であり従来の個体選択の観点からも十分に説明可能な現象であるから，この範疇には入らない．

体は同じ遺伝子を共有する可能性が高い．ある遺伝子が，二つの個体間で同祖的に（by descent）共有されている確率を，それら個体間の血縁度（coefficient of relatedness）という[11]．たとえば二倍体生物では，子の持つ遺伝子の半分は父親由来，残りの半分は母親由来なので，子が有するある特定の遺伝子がその片親と同祖的に共有されている確率，すなわち両者の血縁度は1/2である．同じ両親から生まれた兄弟姉妹どうしの血縁度は，父親経由の共有確率$1/2 \times 1/2 = 1/4$と母親経由の共有確率$1/2 \times 1/2 = 1/4$との和1/2となる．同様に，父方であれ母方であれ祖父母の一方と孫の間の血縁度は1/4，いとこどうしは1/8となる．

ところで個体に利他行動をさせる遺伝子があるとしよう．この利他的遺伝子の視点から見たとき，自らと同じコピーを含んでいる確率（すなわち血縁度）がrである近縁他個体の生存・繁殖を援助して利益Bを施すことが進化的に有利になる条件は何だろうか．それは，この援助によって自分と同じコピーを持つ個体が受ける利益の期待値rBが，その援助に伴うコストcを上回っているとき——すなわち$rB > c$が成り立つとき——だということになる．すなわち，（個体ではなく）遺伝子の観点から，それが入っている当の個体だけでなくその近縁個体をも包括した適応度$w + rB - c$（ただしwは利他的個体の元々の適応度）を考えれば，利他行動は遺伝子の〈利己的〉戦略の一環として——真正の自己犠牲などとは無縁のものとして——説明しうるというわけである[12]．これがハミルトンの包括適応度（inclusive fitness）と血縁選択（kin selection）の概念——そしてハミルトンの法則（$rB > c$）——の背景にある考え方である．

ところでハチ類（ハチ，アリ）では半倍数性（haplodiploidy）という独特の性決定方法をとっており，女王バチがオスとの交尾なしに産む半数体の未受精卵はすべてオスになり，オスとの交尾によって産む倍数体の受精卵はすべてメ

---

[11]　「同祖的に共有される」とは，直接の祖先-子孫関係によって系譜が追跡可能ということである．集団内に元々高い頻度pで存在するありふれた遺伝子（日本人集団内における黒目を作る遺伝子など）の場合，血縁のない二個体間でも高い確率で共有されている．したがってここで言う「同祖的な共有確率」は，ある遺伝子が二個体間で実際に共有されている確率から，その遺伝子の集団内頻度pを差し引いた値とみなしうる．

[12]　Hamilton (1964 a, b)．現在ではこのように包括適応度を遺伝子選択の観点から理解するのが一般的になっているが，そうした理解はむしろドーキンスに負うものであり，ハミルトン自身はそれを個体選択の視点から捉えていたようである（Dawkins 1982a, Chap.10参照）．

スになる．つまり，母親とその娘の血縁度はどちらの側から見ても1/2であるが，娘の側から見た父親の血縁度は1/2，父親の側から見た娘の血縁度は1となる．その結果メスの働きバチと，同じ両親から産まれたその姉妹である女王バチとの血縁度は，父親経由で1/2×1＝1/2，母親経由で1/2×1/2＝1/4，合計3/4となる．これは働きバチ自身が仮に母親となって子を産んだとしたときの，その子との血縁度（1/2）よりも大きい．それゆえ，働きバチが自身の繁殖を犠牲にしてでも利他的に女王バチの繁殖の援助をすることは，そうした行動をコードする遺伝子の〈利己的な〉生存戦略の観点からは，理に適っているということになるわけである[13]．

集団選択による利他性の説明

これに対して，利他性は錯覚ではなく，個体群[14]が一定の仕方で構造化されていれば集団選択によって進化可能だということを示そうとするのが，近年の集団選択論者たち（ウェイド，D・S・ウィルソン，ソーバーなど）である．利他的個体とは，その一つの定義として，「利己的個体との個体間競争においては不利であるが，それと共存する他個体にとっては有利となるような個体」と考えることができる．それゆえ彼らのアイデアは，利他主義者が利己主義者との個体間競争によって被る不利益を補って余りある仕方で，利他主義者が多数を占める集団がそのメンバーどうしで互いに利益を分配できるよう個体群が構造化されておれば，そのとき，利他的行動は利他的行動であることによって（by virtue of）――利他的行動であるにもかかわらず（in spite of）ではなく――進化しうる，というものとなる．このとき利他性はもはや錯覚ではないのである．

さて，利他性が進化しうるために必要な個体群構造とは，以下のようなものである（Cf. Sterelny and Griffiths 1999）．

---

[13] ただしこの「利己的」はあくまで比喩的表現であり，何らかの心理的性質の存在を含意するものではない．
[14] ここで言う「個体群 population」とは，一定の空間内に存在し（ただし離散的にであっても構わない）潜在的に相互交配可能な同一種の個体の総体を意味する．それは，空間的に凝集し任意交配を行う個体の集団（group）――すなわち「デーム deme」――を含むより包括的な概念である．

① グローバルな個体群の中に，一定の頻度で利己主義者(S)と利他主義者(A)が存在している（図1.3(a)）.

② 「類は友を呼び」，似た者どうしが相互作用し合う傾向にあるとき，利他主義者は利他主義者と，利己主義者は利己主義者と群れて各地域的小集団が形成される（図1.3(b)）.

③ 小集団内部での個体間競争においては，常に利己主義者が優勢となりその頻度を増していくため，十分時間がたてばいずれどの小集団も利己主義者に席巻され利他主義者は駆逐されることになる（いわゆる「内部からの転覆subversion from within」）（図1.3(c)）.

④ けれども他方で，利他主義者を多く含む集団は，利己主義者を多く含む集団よりも生産性が高い．すなわち利他主義者を多く含む集団に置かれた個体は，そうでない集団に置かれた個体と比べて，その協力的かつ生産的な環境のゆえにますます多くの子孫を残す（図1.3(c)）.

⑤ 一定の繁殖期間が経過した後，地域小集団は再びグローバルな個体群へと解消される．このとき，1サイクル前の状態①と比較して，グローバル個体群中に占める利他主義者の頻度が増大している（図1.3(d)）．その後このサイクルを繰り返す．

これが，ウェイドによって命名された「デーム内集団選択 intra-demic group selection」あるいは，D・S・ウィルソンによって提唱された「形質集団選択 trait-group selection」によって利他性が進化するメカニズムの概要である．「デーム」とは任意交配する地域的小集団であり，「形質集団」とは，ある形質に関して生存・繁殖上の運命を共有する生物集団のことである．後者の例としては，共同でダムを建設しそこに棲むビーバーの群れ（自らは建設作業に参加せずに完成したダムに棲む恩恵だけを享受する「ただ乗り屋(フリーライダー)」も含む），血縁集団，一時的に互恵的相互作用を行う個体のペア[15]などが含まれる．しかし原理的には，デーム内集団選択も形質集団選択も同じものである．いずれにし

---

15) D・S・ウィルソンとソーバーは，池の上で一枚の葉っぱに一時的に同乗し，協力してそれを漕ぐことによって，食用となるユリの株から株へと移動する二匹のコオロギを思考実験として考え，このペアも形質集団とみなしている（Wilson and Sober 1994）.

1.3 集団選択説をめぐる問題 19

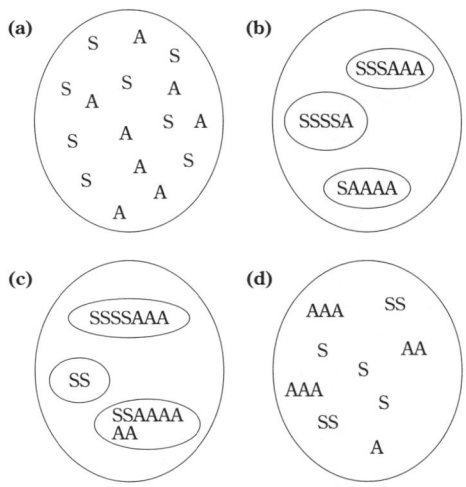

図1.3 デーム内集団選択もしくは形質集団選択のメカニズム
(Sterelny and Griffiths (1999) p.166の図を改変)

ても，これらにおいて共通していることは，地域小集団に構造化された個体群において，利己性にとって有利に働く個体選択の力と，利他性にとって有利に働く集団選択の力とが拮抗し，その結果ある一定の条件下で後者が前者を凌駕するがゆえに，利他性が進化しうるというメカニズムである．

　ここで特筆すべきことは，デーム内集団選択論者（もしくは形質選択論者）からすれば，先に見たハミルトンの血縁選択でさえ，そうした集団選択の一環として捉えられるということである．すなわち血縁集団自体が，相互作用し合う似た者どうしの（血縁度の高い）個体からなる地域小集団（デームもしくは形質集団）なのである．したがって，「利他行動をコードする遺伝子が，その〈乗り物〉たる生物個体をして，その近縁他個体に，その血縁度に応じた援助行動を配分せしめることによって，そのコピーを増殖させる」と考えることと，「血縁集団という地域小集団に構造化された個体群において，利他性を有利とする集団選択の作用が，利己性を有利とする個体選択の作用に対抗しそれを凌駕することによって，利他性が進化する」と考えることとは，等価なのである．

広義の個体選択主義

　さて，これに対して個体選択派（ないし遺伝子選択派）は，利他性の進化の説明のためには必ずしも集団選択の考えを持ち出す必要はないという反論を提起する．たとえば生物学者のドガトキンとリーヴが打ち出し，哲学者のステレルニーなどによって支持されている「広義の個体選択主義」という考え方がある（Dugatkin and Reeve 1994; Sterelny 1996）．ソーバーとウィルソンによって提起された従来の個体選択主義に対する一つの有力な批判として，個体選択主義者は「平均化の誤謬 averaging fallacy」を犯しているというものがある．それによれば，個体選択主義者が利他性を錯覚とみなしたり，利他行動をそもそも進化不可能なものと考えたりするのは，個体群全体における利己主義者と利他主義者の平均的な適応度の単純な比較から，「利他主義者は利己主義者よりも平均適応度が低いから，利他性は進化できない」という結論を導き，その際個体群が一定の仕方でいくつかの小集団へと構造化されるという因果プロセスを無視しているからなのである．換言すれば，彼らによれば，従来の個体選択主義者は利他性が選択によって進化していく実際の因果機構を見ることなしに，単に平均化によって得られた進化の最終結果のみに目を向けるという誤りを犯しているのである．この批判に対して広義の個体選択論者は，個体選択の視点を維持したままでも，そうした進化のプロセスに関する因果情報を保持することは可能であると主張する．この点を，ビーバーのダム構築を例にとって説明してみよう．

　ウィルソンとソーバーの観点からは，互いに協力してダムを構築することにより水位変動その他の様々な自然の不可抗力に備えるビーバーの集団は，そうでない集団よりも生産性が高い——そしてこの生産性の高さは，ダム建設というコストは払わずに出来上がったダムによる恩恵だけを享受しようとするただ乗り屋〈フリーライダー〉（利己主義者）がダム建設協力者（利他主義者）よりも有利となってしまうという，利他性の進化に逆行する個体選択の作用を補って余りある——という説明が提供される．それに対して広義の個体選択論者は，個体の適応度を，①ある一定のタイプのメンバーから構成された集団に帰属していることから得られる適応度成分と，②その集団の中で当の個体が一定の行動をとることから得られる適応度成分という，二つの成分に分解することによって，「利他

的な個体はそうでない個体よりも適応度が高いがゆえにその頻度を増大させる」という説明が可能になる，と主張する．ダム建設に即して言えば，似た者どうしが互いに群れる傾向がある——すなわちダム建設に参加しようとする行動遺伝子を持ったビーバーは互いに「類は友を呼び」，他方でそうした行動遺伝子を持たないビーバーも似たようなビーバーと集団を形成する——がゆえに，ダム建設に助力を惜しまない利他的ビーバーはそうした協力的かつ生産的な「社会環境」に身を置くことによって高い適応度を得ることができる．これが上の①に相当する成分である．②の成分に関しては，利他的ビーバーはコスト（労力）を払ってダムを構築するわけであるから，ことさらメリットがあるわけではない．それに対してただ乗り屋〔フリーライダー〕に関しては，確かにもしそれが利他的ビーバーの集団に侵入することができたとすれば，コストを払わずに恩恵を享受する——すなわち①の成分のみならず②の成分に関しても高い適応度を得ることができる——ので，最も有利な立場に立つことになる．けれども一般的には，利己的ビーバーは生産性の乏しい非協力的な集団を形成する傾向が高いので，利他的ビーバーのように①の点で高い適応度を確保することができない．以上のような説明である．

　この説明からわかるように，この広義の個体選択主義においては，デーム内集団選択（もしくは形質集団選択）の説明の場合と同じように，個体群が一定の仕方で構造化されていることは所与として前提されている．こうした個体群構造をいったん認めさえすれば，そうした選択的環境の下で利他行動は有利となるのである．したがってこれは，「文脈依存型選択」あるいは「頻度依存型選択」モデルの一環であると言える．前節のヘテロ接合体優位の事例で，鎌状赤血球を形成する突然変異体対立遺伝子 a が，「マラリア原虫の生息する環境」という一定の文脈における，「正常な対立遺伝子 A の頻度が高い」という背景環境の中で初めて高い適応度を示すことができたのと同様に，利他的個体は，「個体群が地域的小集団に構造化されている」という一定の文脈における，「似たような利他的個体の頻度が高い」という背景環境の中で初めて高い適応度を示すことができるのである．

　実は，前節で論じた対立遺伝子選択 vs. 個体選択という論争の構図と，本節で論じた個体選択 vs. 集団選択という論争の構図は，ある点で同型である．サ

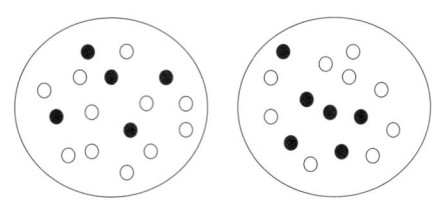

図1.4 二種類の粒子と集合体からなる入れ子構造
(Okasha (2006) p.47の図を改変)

ミール・オカーシャは，遺伝子−個体−集団といった入れ子型の階層構造をなす対象群における選択過程を記述する際の異なる視点として，下位の要素（「粒子 particles」）に焦点を当てるものと，それらを構成要素とする上位の集合（「集合体 collectives」）に焦点を当てるものとを区別し，後者の視点における集合体の性質は，前者の視点における粒子の「関係的」ないし「文脈的」な性質として読み替えることができると述べている（Okasha 2006；図1.4参照）．この「粒子的視点」と「集合体的視点」との対照は，1.2節で扱ったヘテロ接合体優位のような，対立遺伝子の視点と個体（遺伝子型）の視点との対比が問題となる場面においても，本節で扱った利他性の進化のような，個体の視点と集団の視点との対比が問題となる場面においても，階層をずらすだけで等しく成立する．前者の場面では，ヘテロ接合体優位という現象を，対立遺伝子の文脈（頻度）依存的な適応度によって記述するか，個体（遺伝子型）の文脈非依存的な適応度によって記述するかということが問題となっていたのに対し，後者の場面では，利他性の進化という現象を，個体の文脈（帰属集団）依存的な適応度によって記述するか，集団（デームないしは形質集団）の文脈非依存的な性質（生産性）によって記述するかということが問題となっていたからである．

選択の単位問題の認識論

さて最後に，これまで検討してきた集団選択説をめぐる問題の認識論的な側面について考察しておこう．D・S・ウィルソンやソーバーのような近年の集団選択論者は，選択による進化が起こるメカニズムに関して，概して実在論者である．すなわち彼らは，利他性が進化する際には，上述のような二段構えの

選択過程が実際に因果機構として働いていると考えている．個体のレベルと集団のレベルという複数のレベルにおける互いに拮抗する作用のダイナミズムによって，初めて利他性の進化が可能となるのである．したがって彼らはしばしば，「階層論者」もしくは「複数レベル選択主義者 multi-level selectionist」と呼ばれている．それに対して個体選択派の側は，利他性の進化という所与の現象を説明しうる論理整合性を持ったモデルが構築できるならば，——それが存在論的な意味で自然界の真の実在を反映していようがいまいが——それで科学者の任務は果たされるという，規約主義的・道具主義的な立場にコミットしている．実際，上で紹介したドガトキンやリーヴ，そしてステレルニーは，広義の個体選択モデルが唯一正しい説明であると主張しているわけではなく，むしろ集団選択モデルも広義の個体選択モデルも同等に適切な説明を提供するという意味での「多元論」を奉じている．したがって彼らはしばしば「モデル多元論者」と呼ばれている．

　実在論的な傾向を帯びた階層論をとるか規約主義的な傾向を帯びた多元論を奉ずるかというこうした論争の構図は，再び，前節で紹介した対立遺伝子選択主義をめぐる論争と同型のものだと言えよう．いずれの場合においても，実在論者の主張の背景には，自然界における選択による進化のプロセスは観察者たるわれわれ人間の存在とは独立に生起しているのだから，それをどのようにモデル化しうるかというわれわれ人間の側の都合とは独立に，そこには何らかの因果的相互作用が進行しているはずであり，それを適切に記述することこそが科学理論の究極の目標であるという認識が潜んでいると思われる．それに対して多元論者の主張の背景には，自然界の実在する因果機構は何かというのは人知を越えた形而上学的問いであり，科学はそうした問いにかかずらうことなく，むしろその目的を，われわれ人間の自然理解に資する有用なモデルの構築に限定するべきであるというプラグマティックな態度が控えていると思われる．したがって，本章で論じてきた選択の単位をめぐる論争は，従来物理科学をモデルとして盛んに論じられてきた科学実在論論争の生物学版であるとも言える．それゆえにこそ，この論争もまた，根深い科学観や哲学的世界観の相違に根ざすものであり，何らかの〈決定的〉実験や観察によって実証的に決着を見ることのできるような一筋縄のものではないということを，肝に銘じておく必要が

あるだろう．

引用文献

Darwin, C. (1859) *On the Origin of Species, A Facsimile of the First Edition*, Harvard University Press, 1964.
Darwin, C. (1871) *The Descent of Man and Selection in Relation to Sex*, Princeton University Press, 1981.
Dawkins, R. (1976) *The Selfish Gene*, Oxford University Press, new edition, 1989.
Dawkins, R. (1982a) *The Extended Phenotype: The Long Reach of the Gene*, Oxford University Press, revised edition, 1999.
Dawkins, R. (1982b) "Replicators and vehicles", King's College Sociobiology Group (ed.), *Current Problems in Sociobiology*, Cambridge University Press, pp.45-64.
Dugatkin, L. A. and Reeve, H. K. (1994) "Behavioral ecology and levels of selection: Dissolving the group selection controversy", *Advances in the Study of Behavior* 23: 101-133.
Hamilton, W. D. (1964a) "The genetical evolution of social behaviour I", *Journal of Theoretical Biology* 7: 1-16.
Hamilton, W. D. (1964b) "The genetical evolution of social behaviour II", *Journal of Theoretical Biology* 7: 17-32.
Hull, D. (1980) "Individuality and selection", *Annual Review of Ecology and Systematics* 11: 311-332.
Lloyd, E. (2000) "Units and levels of selection: An anatomy of the units of selection debates", R. Singh, C. Krimbas, D. Paul and J. Beatty (eds.), *Thinking about Evolution: Historical, Philosophical, and Political Perspectives*, Cambridge UP.
Lorenz, K. (1966) *On Aggression*, Methuen.
Okasha, S. (2006) *Evolution and the Levels of Selection*, Oxford UP.
Sober, E. (1984) *The Nature of Selection: Evolutionary Theory in Philosophical Focus*, The University of Chicago Press.
Sober, E., and Lewontin, R. (1982) "Artifact, cause and genic selection", *Philosophy of Science* 49: 157-180.
Sober, E. and Wilson, D. S. (1998) *Unto Others: The Evolution of Altruism*, Harvard

UP.
Sterelny, K. (1996) "The return of the group", *Philosophy of Science* 63: 562-584.
Sterelny, K., and Griffiths, P. (1999) *Sex and Death: An Introduction to Philosophy of Biology*, The University of Chicago Press.
Sterelny, K., and Kitcher, P. (1988) "The return of the gene", *The Journal of Philosophy* 85: 339-361.
Wade, M. (1976) "Group selection among laboratory populations of Tribolium", *Proceedings of the National Academy of Sciences*, USA 73: 4604-4607.
Williams, G. C. (1966) *Adaptation and Natural Selection*, Princeton University Press.
Wilson, D. S. and Sober, E. (1994) "Reintroducing group selection to the human behavioral sciences", *Behavioral and Brain Sciences* 17: 585-654.
Wright, S. (1945) "Tempo and mode in evolution: A critical review", *Ecology* 26: 415-419.
Wynne-Edwards, V. C. (1962) *Animal Dispersion in Relation to Social Behaviour*, Oliver and Boyd.

第2章　生物学的階層における因果決定性と進化

◆

中島敏幸

2.1　はじめに

　生命は階層システムを構成しているといわれる．細胞が多細胞個体を，個体が集まり個体群を，そして，異種の個体群が集まり群集や生態系を作るといったものである．しかし，生命の世界がどのような階層を作っているかについては研究者間で意見が定まっておらず，視点の違いにより様々な階層構造が提案されているのが現状である．生命の階層構造がいかなるものであれ，それは初めから今のようなものであったのではなく，約38億年前に出現した生命の進化とともに発展，進化したものであるというのが共通認識である．生命の階層構造と進化の関係がどのようなものであるかは，生物学上の未解決の問題であるが，同時に階層と因果性にまつわる哲学上の興味深い問題も内包されており，進化生物学者や哲学者を巻き込んで様々な論争が生じている．
　この章では，生命の階層システムにまつわる因果性に関して二つの相互に密接した問題を取り上げる．一つは，階層システムの現象を理解する上での還元論と全体論的な見方の対立の問題である．分子生物学に代表されるように，生命現象をより下位のレベルに分解して，その仕組みを理解する方法論が多くの成功を収めてきた．これは現象をより下位のレベルに還元して理解する方法である．しかし，自然選択説によれば，今の細胞や生物個体の構造や機能は過去の進化の過程で試され，ふるい残されてきたものたちである．だとすると，それらの合目的な構造や機能の説明は下位のレベルの解析によっては尽くされないかもしれない．つまり，自然選択という個体の世代を超えた集団レベルの過程に関する法則が，下位レベルの個体や細胞の現象を規定している可能性があ

る．上位レベルの法則が下位レベルの現象を規定することは下向因果と呼ばれる．下向因果が本当に働いているとすれば，生命の理解には，還元論的な説明における下位から上位レベルへの上向因果だけではなく，逆向きの下向因果も考慮して初めて，有効な説明が可能になることになる．しかし，下向因果を一種の因果関係と解釈する場合，因果関係という関係性が同じ階層レベル内の他に，レベル間にも本当に存在するのかという疑問も提起され，因果性概念の混乱を巡って論争が起きている．

　二つめの問題は，一つめの問題の拡張である．自然選択は当初は個体のレベルに適用されてきたが，その後，それより下（遺伝子）や上（集団，系統／種）のレベルでも，条件によっては選択が起こりうることが近年広く受け入れられてきた．タイムスケールこそ違うが，異なるレベルにおいて自然選択が様々なレベルに働くのなら，一つめの問題は生命の階層システムのレベル間の因果的関係の問題としてさらに複雑になる．

　いずれの問題も生命を還元論的に下位レベルの現象に置き換えて理解する方法から脱却し，生命を階層システムとして捉え，階層のレベル内およびレベル間に生じる因果性あるいは決定性（規定性）を明瞭にしようとする取り組みから生じている．これは進化生物学者が関与する生物学上の問題でもあり，また生物哲学者が強い関心を寄せている生物学と哲学の境界面に存在する問題でもある．

2.2　システムと階層

システムにおける部分と全体

　生命の階層システムにおけるレベル内およびレベル間の関係性にまつわる問題を理解するには，まず生命がどのような階層システムを形成しているかについて概観をしておかねばならない．その前の準備として，ここで一般的なシステムと階層の概念を整理しておきたい．

　システム（系）とは相互作用する要素の集まり全体である，というのが広く共有されている定義である（Bertalanffy 1968）．相互作用とは因果関係を持つことである．したがって，それは観念的な要素の集まりではなく，物的な存在

者（すなわち，実体）の集まりであることを示している．カントールは思考によって区別できる要素の集まりを集合と定義したが，自然科学においては，相互作用している物の集合は，数学的な意味での集合とは異なり，システムと呼ばれる．

　システムの構成要素はシステムの部分であり，システムは部分に対して全体である．システム（全体）と部分の関係を理解するために，簡単な例として，2人が会話をしている場合を考えよう．会話は一種の相互作用であるから，この2人は一つのシステムを作っていることになる．Aの発言（a1）はBの発言（b1）を引き起こし，これがAの次の発言（a2）を引き起こす，というようにして，両者の発言（状態）は，a1 → b1 → a2 → b2 → a3……というように変化していく．

　さて，Aのある発言（たとえば，a3）の原因は何だろうか．それを引き起こしたのは，その前のBの発言（b2）である．しかし，このBの発言は，その前のAの発言に起因している．したがって，「相互作用するAとBを合わせた全体」が個々の発言を規定，あるいは，決定していると言わざるをえない．この全体こそがシステムである．つまり，各部分のあり方を規定するのは，その環境ではなく，それ自身を含んだ全体と言わざるをえない．部分は全体の一員として全体の挙動（状態変化）の決定に参加し，逆に全体は部分のあり方を規定している．平たくいえば，部分が全体を作り，全体は部分を「そう」させるといえよう．

階層とはなにか

　上記の例は階層化されていない単純なシステムである．話を進める前に，ここで「階層（hierarchy）」という言葉の意味を整理しておこう．「階層」という言葉は，要素間の順序性における構造を指し，科学においていくつかの異なる意味で用いられている．一つは，含む・含まれる（全体・部分）関係にある「入れ子型階層」である．これには，本章で扱う物的システムの入れ子型階層に加え，概念の特殊／一般の関係を示す概念的階層がある．たとえば，自転車−二輪車−乗り物という階層に見られるように，対象をクラスに分類するときの概念規定の限定の度合いにより生じる集合論的な包含関係の順序性である．

二つめは，含む・含まれる（全体・部分）関係にはない「非入れ子型階層」であり，システムの要素間の相互作用の順序関係としての階層である．たとえば，食物連鎖における食う・食われる関係の順序性，個体の優劣関係，社長－部長－課長といった会社組織における命令関係の順序性，そして細胞内の分子間のカスケード的な相互作用の連鎖反応過程における順序性，などである．これらのうち本章で扱う階層システムは，含む・含まれる（全体・部分）関係にある「入れ子型の物的システム」である．階層の意味を明確にしておくことは，後に述べる下向因果という考えを考察する上で重要となる．

階層の意味を上記のように限定した上で，改めて問おう．システムはどのような原理で階層化されるのだろうか．ハーバート・サイモンは，システムの要素間の相互作用の強さに基づいて，階層性を次のように説明している（Simon 1996）．彼の着眼点は，相互作用は均一の強さで宇宙全体に広がっているわけではない，という点である．つまり，要素間には相互作用の強さの濃淡がある．自然における物質も人間社会における構成員も，このような相互作用の強さの程度から，内部の要素間の相互作用のより強いサブシステムに，完全にではないが，"ほぼ"分解でき，さらに，同様にそれぞれのサブシステムは，相互作用の強さの程度から，内部の要素間の相互作用がより強いより下位の要素の集まりにほぼ分解できる，ということになる．

自然システムにおいては，多くの場合，物体間の相互作用は距離が遠くなるにつれ弱まると考えてよいから，より近くに存在する物体同士が相対的に強い内部の相互作用を有するサブシステムを形成する．たとえば，原子を構成している電子，陽子，中性子といった素粒子間に働いている力は，分子を構成している原子間の力よりはるかに大きく，また，後者は分子と分子の間の力よりも大きい．しかし，必ずしも物理的距離の近さだけが相互作用の強さに対応しているわけではない．特に，人間の社会システムに見られるように，物理的近接性がなくとも，通信手段などにより社会的関係性に基づいた相互作用の強い集まりが形成される場合がある．要素間の相互作用の関係が維持されることは，要素たちがこの意味でまとまっていることであり，これにより一つの（サブ）システムとして機能することができる．このような要素のまとまりをシステムの結合性という．世界は適度な結合性を持った様々なサブシステムに分けられ，

それらはさらに強い結合性を持ったサブ・サブシステムに分けられるという形で階層構造を持つ，と捉えられる．

一つの大きなシステムが相互作用の強さ，あるいは頻度に応じて複数のサブシステムに分割されるといっても，異なるサブシステムを構成する要素の間にも相対的に弱い相互作用は存在するので，この分解は完全なものではなく，ほぼ分解できる（"準分解可能性"）というものである．もし完全に分解されるなら，サブシステムは他から孤立し，これらが作る上位システムという概念は存在しなくなる．要するに，要素間の相互作用の有無ではなく，その強さや頻度の程度に基づいて，対象とする要素の集まりを，サブシステムの要素，サブシステム，システムというように階層化して捉えるのである．

上記の見方で生命の階層を捉えると次のようにいえるだろう．「細胞」は多数の分子でできている．ある細胞内の分子の間の相互作用は隣接する別の細胞の分子との間の相互作用よりはるかに強い．分子間の化学的相互作用の強さや頻度の度合いによって，一つ，あるいは別個の細胞として捉えることができる．同様に，多細胞個体を作っている細胞間の相互作用は，別の個体の細胞との間よりも，より強い相互作用で結ばれている．さらに，個体は同じ地域に地域個体群という集団を形成している．同種の地域個体群のメンバーはニッチを共有しているので，他種の地域個体群の個体よりも強い相互作用で結ばれている．この相互作用には，同じ資源の奪い合いや攻撃などの負の関係や協調的な正の関係も含まれる．

以上のように，相互作用の強さや頻度の度合いに基づいて，生物の世界を階層に分けることができるだろう．しかし，このような階層性が生命システムの階層性を首尾よく表現しているかという点については疑問が投げかけられている．なぜなら，この見方は生命の階層の共時的な構造という側面は捉えているが，部分を更新しながら全体（システム）を構成するという，生命に特徴的な通時的な階層形成が捉えられていないからである．次節では，この通時的な階層形成の特徴を概観することにしよう．

2.3 生物学的実体による通時的な階層形成

実体と変化

　ある現象を時間の流れの中で記述する場合，刻一刻と変化していく中でこれを貫いて変化しない何か，言い換えれば，変化していく状態の主といいうる存在者，すなわち実体を捉えておかなければならない．実体とは様々に変化して行く過程の根底にある持続的なものである．テーブルの上で運動と衝突を繰り返すビリヤードボールを例にとると，そこで起こる現象は，自己同一性を保つ不変な実体であるボールたちがその位置や速度という状態を変化させていく過程として記述できる．

　しかし，いうまでもなく生物的世界は，博物館の剥製のような個体が地球というビリヤード台で遭遇と運動を繰り返しているような世界ではない．細胞は自己の構成要素である分子を絶えず合成し，また分解しながら存在している一つのパターンであり，多細胞個体は細胞を日々入れ替えながら個体というパターンを維持している．ここには確かにビリヤードボールと同様の機械論的相互作用は存在するが，これだけでは尽くされない．なぜならここには，喩えて言えば，既存のボールが分解・消滅し，新しいボールが出現する過程が含まれているからである．

　「ミリンダ王の問い」というインドの古典がある．この中でミリンダ王が尊師のナーガセーナにこう問う．「夜通し燃え続けるこの灯火の一時前の炎と，その後の炎は同じであるか」と．尊師は「違う」と答える．「では，別のものなのでしょうか」と問うと，「そうではない」と答える．生じる物と滅びる物は別の物ではあるが，いわば同時の物として継続している．このようにしてその炎は自己同一性を持つのだという．ロウソクの炎では蠟と酸素の酸化還元反応が起こっているだけだが，これは生命のアナロジーとして興味深い（渡辺1980）．生命とは，この炎のように絶えず消滅し，新たに生じる「こと」，つまり，物質の作る関係（パターン）の継続であるという見方がここにある．

　カントは「判断力批判」の中で，時計と生命の有機的組織体との違いをこう論じている．時計の歯車は他の歯車を生産しないし，まして他の時計を作った

2.3 生物学的実体による通時的な階層形成

りしない.つまり,時計はそれ自身で自分の部分を置き換えないし,失われた部分を付加したりもしない.これに対し,有機組織体は単に動く力を持つだけではなく,それ自身で自己増殖の形成力を持つ.これは,単なる運動の機械的能力では説明できない,という.細胞や個体といった生命システムが持つこの側面は,後にオートポイエーシス(自己制作)と呼ばれる(Maturana & Varela 1980).このようにみると,生物学的実体の自己同一性は,部分が更新されながらも,それら部分が作る構造が連続して持続していくことに立脚する,と理解できるだろう.

このような生物学的実体は一体どのような階層システムを形成しているのだろうか.次節では,「部分を更新しながら連続して構造を持続していくという様式」自体が階層的に積み上がっていくという生命の階層形成を検討しよう.

細胞,個体,個体群

サイモンの準分解可能性によるシステムの階層化では,システムやサブシステムを構成する要素たちは時を同じくしてそこに存在し,階層構造を維持している.つまり,それは共時的な構成である.しかし,前述したように生命というシステムは通時的に要素を更新するという特徴も持っている.

細胞は多数の分子でできている.しかし,結晶や時計とは異なり,それは内部の化学反応により構成要素の合成と分解,分子間の相補性と親和性に基づく構造形成をしている.外部から取り入れた物質群から,自己の要素を内部の化学反応により生成し,この過程で生じた不要な分子を外へ排出する.これを代謝という.生きた細胞を構成する分子はごく短命であるから,個々の自己同一性を持った分子の粒子的状態の記述を尽くすことによって生きた細胞を捉えることはできない.構成分子はその細胞と呼ばれる組織の構成に,同時にではなく,生成・分解を繰り返して時間的に更新されながら参加している.これは一つの通時的システムである.この場合,個々の分子の自己同一性を捨象し,同じタイプの分子集団の濃度や空間的位置関係の記述に頼らざるをえない.

次に,受精卵から細胞が個体を形成していく発生過程をみよう.その細胞は分裂(卵割)し,その数が増加する.さらに,この細胞の集塊の中で個々の細胞は移動,死,あるいは性質の異なる細胞へ分化しながら,特定の形態と構造

を持った細胞の集合体を形成する．この過程においては，個々の細胞は分裂によって生じ，成長し，そしてその構造を失う（死ぬ）．我々は受精卵（胚）とその成体を同一の生物個体と見なすことができる．つまり，そこにおけるシステムの「構成要素の組成変化」をあらかじめプログラムされたシステムの発達過程として理解できる．成体になっても細胞は分裂を伴いながら更新されていく．このように，生物個体というシステムは，細胞が同時ではなく通時的に組織形成に参加することによって持続していく．

　上記の個体をさらに長い時間観察してみよう．その個体はやがて老化し，死に至る．しかし，死ぬ前に繁殖し子を残せば，個体の集団が形成される．このような集団は生態学では「（地域）個体群」と呼ばれている．つまり，同種の個体の集まりである．これは個体を要素とした通時的システムである．これまで存在した個体が消え，新しい個体が出現する時間スケールでは，生理学的な時間スケールで自己同一性を持つ実体である個々の個体は，もはや存続する実体ではない．これに代わり，現象の時間の流れに沿って存在し続ける実体として，個体群（集団）がその役割を担うことになる[1]．

　以上をまとめると，図2.1のように表せるだろう．縦軸は分子から個体群までの通時的な階層を示している．必然的な帰結であるが，細胞の代謝のタイムスケールより個体の形成過程のそれの方が長く，同様に，個体の一生よりも個体群の方が長い時間持続する．つまり，それぞれの実体が活動するタイムスケールは階層の上にいくにつれ長くなる．縦軸の階層に対して，横軸は共時的構成による階層を示している．たとえば，下から二番目（II）の細胞－個体－個体群は，細胞の分裂や死亡が伴わない時間スケールにおける個体の活動とそれらが作る個体の集まりという共時的な階層である．たとえば，神経細胞と個体の行動との関係を観察している場合などが当てはまるだろう．

　ここに示す共時的・通時的階層は，観察対象をこの二軸の階層上で位置づける一つの論理的なモデルである．この図では，たとえば，個体群の名が四つ存

---

[1] populationは，生態学では「個体群」，集団遺伝学では「集団」と訳され，それぞれ伝統的に用いられてきが，いずれも同種の個体の集まりという意味で使われている．本章では個体群と集団を同じ意味で用いる．また，個体群（集団）を共時的に小集団に分ける場合，その小集団をグループ（group）と呼ぶことが多い．しかし，用法の統一は必ずしもない．

2.3 生物学的実体による通時的な階層形成

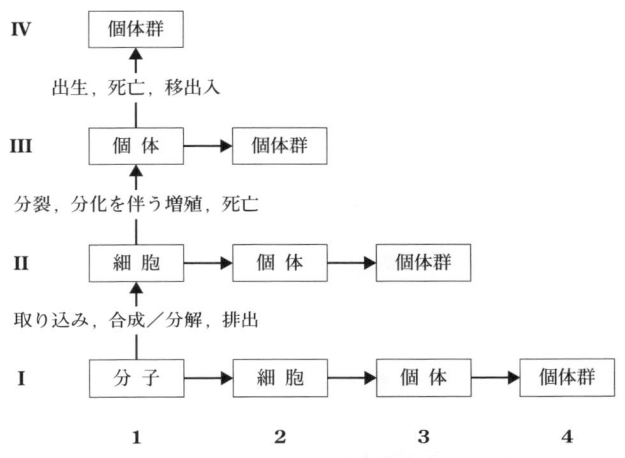

```
Ⅳ      個体群
         ↑
      出生，死亡，移出入
Ⅲ      個 体 → 個体群
         ↑
      分裂，分化を伴う増殖，死亡
Ⅱ      細 胞 → 個 体 → 個体群
         ↑
      取り込み，合成／分解，排出
Ⅰ      分 子 → 細 胞 → 個 体 → 個体群
         1       2       3       4
```

図2.1 通時的階層と共時的階層の2次元構造
通時的階層を縦軸に，共時的階層を横軸に示す．

在する．(Ⅳ, 1)の個体群は個体の世代を超えた個体の集まりを扱う場合の個体群であり，個体群生態学や群集生態学に登場する個体群である（異種に属する個体は同じ産出の系列には属さないので，同じ個体群には属さない）．(Ⅲ, 2)の個体群は個体の世代をまたがらないタイムスケールでの個体の集まりであり，群れといった方がわかりやすい．タイムスケールは実際には連続的であるので明確な境界を引けるわけではないが，存在論的に異なる生物学的実体が同じ名称で用いられることから来る混乱を避けるには有効な図式であろう．

なお，生命の発生の前段階では，自己触媒能を持った分子が自己複製して分子個体群を形成している段階が存在したと考えられているが，この場合は，分子から分子の個体群が形成されている．同様に，多細胞生物個体が出現前の地球では，原始的な細胞が出生，死亡，移出入を通して細胞個体群を作っていたはずである．また，現在の単細胞生物もこれと同様である．

以上で，細胞から個体群までの通時的な階層形成を概観した．次節では，個体群（Ⅳ, 1）で生じる自然選択による進化過程を説明し，その後，この過程が下位レベルの個体の合目的性を生み出すという下向因果の考えを検討しよう．

2.4 自然選択と進化個体群

自然選択による進化

　図2.1の縦軸にある個体が出生，死亡を繰り返しながら維持する個体集団，すなわち，個体群（Ⅳ，1）こそがチャールズ・ダーウィンがはじめに考えた「自然選択による進化」の現場である．ダーウィンの自然選択説が広く受け入れられることによって，生命の世界は，進化の歴史の中で様々なシステム（実体）が現れ，その一部が選択によって残り，これが繰り返されていく世界というように理解されるようになった．ここで，"残るシステム"とは生存確率が高く，より多く複製できるシステムたちである．それらは環境の中で，自身の生存と複製という機能をより高めたものたちである．しかも，現在の複雑な生物学的な世界の階層化も，もとは分子と原始的な細胞だけの世界から進化によって作り出されたことになる．したがって，自然選択は生命の階層と進化の関係を理解するための重要なキー概念になる．そこで，自然選択による進化がどのようなものであるかをはじめに理解しておく必要がある．その後，これがどのように階層レベル間の問題に関与しているかを検討しよう（2.5節）．

　性質が遺伝するという原理のもとで，より生存に有利な，つまり適応した個体はより多くの子孫を残し，そうでないものはより少ない子孫を残す．その結果，より適応した個体の子孫が保存され，そうでないものたちは排除されていく．ダーウィンは，この保存の原理を自然選択と名付けた．後に，この自然選択はより抽象的に定式化された．進化生物学者のリチャード・ルウィントンは自然選択による進化が起こる条件を以下の三つにまとめた（Lewontin 1970）．

① 形態，生理および行動等の形質において異なる個体が集団に存在する（形質の変異）．
② 異なる形質を持つ個体は異なる生存率と繁殖率を示す（適応度の差異）．
③ 親と子の間に形質の遺伝的相関があり，したがって，それらの適応度間に正の相関が存在する（適応度の遺伝）．

　これら三つの条件が成り立てば，確率論的に必然の帰結として，適応度の最

も高いものが他よりも集団中に頻度を増し，最終的には前者が後者を完全に置き換える（「置換」），と説明した[2]．

現在では，ほとんどの進化生物学の教科書でこの説明が採用されている．自然選択とは，生存と繁殖の差異の「原因」ではなく，「生存と繁殖の差異」自体のことである．したがって，条件②は，自然選択それ自体を意味する（③を組み込む場合もある）．集団に形質の変異（条件①）がなければ，選択は働きようがないので進化は起こらない．また，変異が存在し，かつ選択が働いたとしても（条件②），変異が遺伝しなければ（条件③），個体群は進化しない．

ただし，条件②が成り立たなくとも進化が起こる場合がある．これは，遺伝的浮動と呼ばれるもので，適応度に差がなくとも（すなわち，選択がなくとも）偶然的な要因により集団の遺伝的組成が変化し，特定の遺伝的タイプが集団全体に広まる（固定する）場合がある．これを中立進化といい，選択による進化（適応進化）と区別している．したがって，条件①〜③は適応進化が生じるための必要十分条件であると考えられている．

進化する個体群と系統

自然選択による進化の過程を見ると面白いことに気づく．それは，この過程が遺伝的に新しいタイプが出現し古いタイプの個体に置き換わっていく過程であることである．つまり，「進化する個体群」を，遺伝的に異なる個体のタイプが通時的に更新されながら存続する実体としてみることができる．これは地理的に局所的な進化個体群に限らず，様々な地域集団に分かれ，それらの間に個体の移出入が存在する形で進化していく大域的な進化個体群であっても同様に見ることができる（ここでいう「進化」は小進化である）．生物学では，このような進化を伴う個体集団を系統（lineage）と呼ぶこともある．

種の概念を巡っては様々な定義が存在しその実在性についても論争が多いが，

---

[2] この抽象化された自然選択説の定式では，ダーウィンの考えにおいて考慮されていた変異体間の競争など，変異体が共通の環境を共有することで発生する因果性が見えなくなっている．つまり，適応度の高いタイプが低いものを排除（置換）することは確率論的な帰結と表現されており，その因果性は明示されていない．しかし，最近の研究によると，選択による置換の因果機構として，資源や捕食者を介した変異体間の直接・間接の相互作用によって生じる動力学過程が明らかになっている（Nakajima 1998）．

大域的進化個体群を種とする見方が可能である．たとえば，集団遺伝学者のセウォール・ライトはこのような意味での種を考えた（Wright 1982）．種は地域集団（デーム）に分かれて存在し，それらは絶滅，あるいは他の地域へ植民することにより新しいデームを形成しながら全体が動的に維持されている．デームの遺伝的組成は自然選択や遺伝的浮動により変化するので，この意味でデームは進化する地域個体群である．平衡推移仮説として知られるライトの考えによると，デームの進化は平均適応度が極大化したところで（最大とは限らない）止まってしまう．つまり，適応度の局所的なピークに達する．このようなデームは大域的にあちこちに分布しているが，この中でより高いピークに達したデームの個体たち（適応度がより高い）が周辺地域へ植民していくことで，その種（デームの大域的集まり）が進化するというものである．これはデーム間の選択を通して種が進化するという考えである．この意味での種は，大域に広がった個々の地域進化個体群たちが生成・消滅・変化（進化）をしながら通時的に構成している実体として捉えられている．

階層の部分空間：遺伝子，ゲノム，遺伝子プール

　上で述べた生命システムの通時的階層には遺伝子やゲノムといった言葉は出てこなかった．これらはどこに位置づけられるだろうか．細胞が分裂し自己複製するには，その構造も娘細胞に伝わらなければならない．この複製は，遺伝子，そしてその集まり全体としてのゲノムにそのための情報が保存されているからである．遺伝子やゲノムは，地球上の生物の場合は，実体としては特定の配列パターンの核酸分子として存在する．したがって，遺伝子やゲノムは細胞の一部である．さらに，集団遺伝学においては，遺伝子プールというメンデル集団がもつ遺伝子の集まり全体を考える．ここでは，核酸以外にも様々な化学物質を構成要素とする個体の集団を丸ごと捉えるのではなく，個々の個体そして集団全体が持つ遺伝情報のみを抽出した遺伝子の集団を考えている．

　以上のことから，先に挙げた生命の階層を構成する実体たちの遺伝情報のみに着目し，他の側面を捨象すると，遺伝情報空間上にそれらの実体が作る階層が浮かび上がる．すなわち，細胞はゲノム，個体は体細胞ゲノムと生殖細胞ゲノム，集団（個体群）は遺伝子プール（あるいは，デーム）といったような遺伝

情空間上の階層として捉えることができる．たとえば，古生物学者のナイルス・エルドリッジは，生命システムの階層は系統・情報論的実体の階層（系統的階層）とエネルギー・物質論的実体の階層（生態学的階層）の二重構成になっていると考えている．前者は生殖細胞系列（ゲノム）−個体−デーム−種−単系統，後者は，体細胞系列−個体−地域個体群−地域生態系−大域生態系と考えた．両系列に個体が存在し，それが二つの階層系列の橋渡しになっているという（Eldredge 1999）．

2.5 階層間の因果決定性

自然選択と目的律

2.3節で個体群までの階層を，そして2.4節で進化を伴うより長い時間スケールでの通時的な階層性を概観した．これらの階層のレベル間の関係にまつわる議論を理解するために，再び自然選択に立ち戻ろう．

自然選択説によると，我々が目にする生命システムは生存と複製という機能を持った実体（システム）たちである．なぜなら，この機能を持たないか，他より劣るものは，世界から排除されるからである．これは，物理学的な還元主義に対して異議を申し立てることになる．

自然科学における強力な方法論は還元主義である．我々は，この広大な宇宙を理解するために，より普遍的な根本原理と万物に共通の基本法則を手に入れたいという欲求を古来より抱いていた．物理学に代表されるように，いかに複雑な対象であっても，それを構成する基本的要素のレベルに成立する共通の原理と法則さえ知ればそれを理解できる，という信念が自然科学の主要な方法論を支配してきた．

このような還元主義に対し，生命現象の複雑さと巧妙さはアンチテーゼをもたらした．自然科学が誕生する以前の宗教的生命観の延長上にも位置する全体論的な見方である．生命現象を構成する物質の相互作用だけでは生命の複雑さは捉えがたいがゆえに，あらたな実体として，魂やハンス・ドリーシュの生気論におけるエンテレキーなどの概念も生まれた．現在の生物学では，このような非物質的な実体は否定されているが，生命現象をより下位レベルの物質現象

だけで説明できるのかという点では意見は分かれている．

　自然選択による進化は，細胞や個体などの生命過程に目的（ゴール）指向的とも解釈できる機能，すなわち合目的機能をもたらすことになる．なぜなら，我々自身を含め現存する生物は生存や繁殖をより確実にするような機能を備えた個体の子孫だからである．このような目的指向の機能は，かつてアリストテレスの目的因と混同されて混乱を生んだ．アリストテレスは，「なぜ」の説明に対応する形で，原因を形相因，作用因（始動因），目的因，質料因の四つに分けた．しかし，このうち作用因だけが現代の科学的説明において有効な因果性概念として認められるようになった．作用因とは，対象となる実体に外的に作用することにより何らかの変化を生じさせる因子のことをいう．これに対し，アリストテレスが重視した目的因を含む他の原因は生物学を含む自然科学全般から排除されるようになった（Bunge 1963）．

　このような背景の中で，目的因に基づく目的論（teleology）とは一線を画すために，生物の合目的機能を指す概念として目的律（teleonomy）という名称が提案され（Pittendrigh 1958），広く用いられるようになった．ちなみに，ダーウィニズムは，どのような変異が出現するかについては盲目的であるとし，目的性は否定する．しかし，選択の結果として残った子孫たちは生存率や繁殖率の高い個体，すなわち，機能的に合目的な個体であると考える[3]．

　このように自然選択による進化という考えは階層と因果性という概念に興味深い示唆を与えることになる．はじめに述べたように，一つは，目的律を科学に持ち込むことによって，階層の上位のレベルの法則が下位のレベルを規定するという下向因果（決定性）が生じるという指摘であり，もう一つは，様々な階層のレベルで選択が起こりうるなら，階層間の選択の関係がどうなっているのかという問いである．後者については2.6節で検討することにして，ここで

---

[3]　システムの状態変化において，ある時点の状態から次の時点の状態がただ一つ決まることは，因果律（causal principle）と呼ばれている．このシステムを構成する要素（実体）においても同様に，今の自身の状態（s_0）とその環境の状態（e_0）から次の時点の状態（s_1）がただ一つ決まる．すなわち，（s_0, e_0）からs_1がただ一つ決まる．このとき，次の状態として何が決まるかはその実体の機能（$f:(s_0, e_0) \to s_1$）に依る．この機能（特性）は次の時点での自身とその環境との関係（$R(s_1, e_1)$）の決定に寄与する．個体レベルの自然選択により，個体の生存と繁殖に有利な「環境との関係」を維持する機能(f)，すなわち合目的機能を有する個体およびその子孫が保存される，と自然選択説は考える．

は前者の問題を検討しておこう．

還元論と下向因果

　生物個体の合目的性を還元論的に理解することはできる．これは次のような一般的な言葉で要約できよう．

① 高次レベルのすべての過程（たとえば，個体）は下位レベルの法則に従うように抑制され行為している．
② 高次レベルの目的の達成は下位レベルの特定の機構と過程を必要とする．

　しかし，この還元論的な説明に対し（正確には，これに加え），我々は次のことも考慮しなければならない．生物たちは世界の一部を経験しながら選択を受けてきたし，今後もそうであろう．この選択過程には何らかの諸法則が存在し，それらは物理学的な法則とは異なるものに違いない．これは創発主義ともいわれ，素粒子，原子，分子等を支配する諸法則とは異なる高次の組織体に存在する法則性を認め，これを探ろうとする視点である．そして，自然選択が組織の高次レベルの生／死や複製を通して働くところでは，高次レベルの選択過程の諸法則が下位レベルの事象や物質の分布様式に，部分的であれ，制約を及ぼしているというのである．

　これによると，ある対象とするレベルのシステム（生物個体）の記述は原子や分子等の下位レベルの言葉で記述することができるが，それだけでは完全ではない．その存在，機能，分布は個体の上のレベルの現象，つまり，個体の世代を超えた選択過程に存在する諸法則に言及することが要求されるだろう．これが，下位レベルのすべての過程は高次レベルの法則に制約されている，という因果の下向性である．ドナルド・キャンベルは，これを下向因果（downward causation）と呼んだ[4]（Campbell 1974）．

　もう少し明瞭にいうと，この図式では，下位レベル，対象レベル，そして上位レベルのシステムが捉えられており，上位レベルが対象レベルの実体に下方

---

[4] 類似したものを含めこの概念は心の哲学や複雑系の科学など様々な分野において独立に生じており，最初の導入を特定することは難しい．キャンベルはdownward causationという言葉を明示的に使用した．

向に制約を及ぼす，といっているのである．還元論者は下位のレベルで上位レベルの現象を説明するので上向因果（あるいは上向決定性）論者といえるだろう．

　この下向因果は，先に述べた会話の例における，全体が部分を規定するという意味とはすこし異なっていることに注意してほしい．時計を例にとろう．一つの時計（全体）は様々な部品（部分）でできている．時計という全体は部品という要素が作るシステム（全体）である．時計は，部品間の直接および間接的な相互作用で挙動している．その部品たちは互いに相互作用による束縛から自由な動きができない．これは，共時的な全体［時計］と部分［部品］との関係である．会話の例と同様に「全体が部分をそうさせる」という側面がここにも存在する．

　この全体が部分の動きを規定するという意味と，上記のキャンベルの意味での下向因果の違いは，次のような例を考えてみるとわかる．過去に様々な時計職人や時計会社が様々な時計を作ってきた．それらが市場に出され，あるタイプの時計はその故障の少なさや精度の高さゆえに多く売れ，他は売れずに作られなくなってしまった．今，手にしているこの時計はこのような過程の結果である．なぜこの時計がこのような機構を持ち，なぜこの材質でできているのかに対する説明は，このような集団のレベルで起こった過程の因果的影響を考慮しなければならない．これは，通時的な全体［時計集団］と部分［時計］との関係である．

　図2.2は観察対象とそれを観察する時空間スケールとの関係を示している．個体という観察対象（X）をその対象の時空間スケールで見る観察者1には，適応的機能の細胞学的・分子的機構が見える．しかし，観察者2のように，この個体をより大きな時空間スケールでみると，そのような構造と機能をもつ個体を生じ存在せしめている因果過程が観察される．ただし，我々人間にとって，自らが存在する時空間上のサイズよりはるかに大きなスケールの現象（四角の破線枠）は観察しづらいために，この視点（観察者2）は欠落しがちである．

　下向因果はこのような自然選択過程が対象システムに及ぼす場合に限定されているわけではなく，たとえば，非線形の物理現象や心的現象等の様々な文脈で議論されている（Anderson et al. 2000）．しかし，現状ではこの概念が共通の

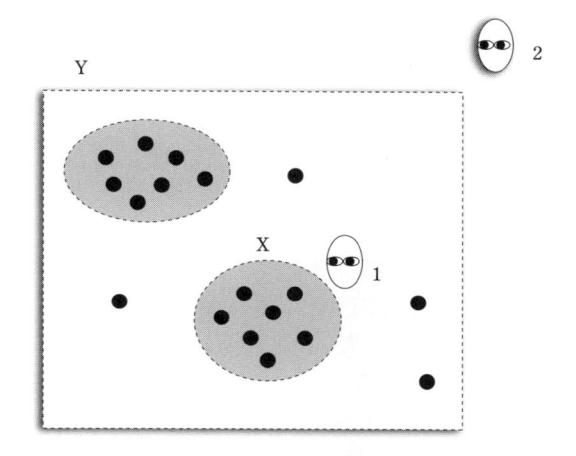

図2.2 Xを観察している観察者1は，その挙動をXの構成要素（黒丸）の相互作用で説明する．しかし，Xがなぜそのような構造と機能を持つのかについては，Xを部分として含む時空間的に大きなシステムYの挙動を観察しなければわからない．

明確な定義の下になされていないこと，また，この言葉が，上位レベルが下位レベルを「制約している」，「選択している」，「組織している」，「構造化している」，「決定している」などの多様な意味で用いられていることが議論の混乱を生んでいる．さらに，レベル内で働く因果（アリストテレスの作用因）とは異なるので，「下向因果」ではなく，「下向決定性」というべきだとの指摘もあり，今なお議論の渦中にある（Hulswit 2006）．しかし，下向因果の意味とその適用を曖昧に拡張せずに，先に述べた文脈で注意深く用いれば，この概念は一つの有効な概念的道具になると考えられる．

具体的にいえば，まず，問題とする「階層」の意味を明確にしなければならない．2.2節の「階層とはなにか」で述べたが，非入れ子型の階層（相互作用の順序性）の意味における階層システムでは，その定義から，作用因としての因果は上から下方へ及ぶ．たとえば，会社において命令がトップダウンで伝わるとか，生態系において食物連鎖の栄養段階で高次レベルの個体群が下位レベルの個体群の密度をトップダウン的に制御している，などである．しかし，入れ

子型の物的システムの階層においては作用因の下向性は論理的に破綻を来す．なぜなら，作用因は問題とする実体の変化に対して"外的に"作用する決定因子を指すが（Bunge 1963），「下向因果」は全体が"それ自身の部分"の変化に対して関与する決定性を指しているからである．この点で，両者における決定関係の論理構造は異なっている（部分から全体への上向因果でも同様である）．下向因果の因果性はあくまで下位レベルの挙動を「規定している」という意味で理解すべきであり，作用因に基づく因果性概念と区別するために「決定性」というべきだ，という指摘が説得力を持つだろう．以下においても，すでに流通している「下向因果」という言葉を用いるが，上記の注意を踏まえたうえで「下向・上向因果」と「下向・上向決定性」を同じ意味で用いることとする．

　下向決定性の重要性は上向決定性を蔑ろにするものではもちろんない．一般に，対象レベル（0）の現象を理解するには，その下位（−1）からの上向決定性と，上位（+1）からの下向決定性の両方を考慮しなければ的確な記述はできないことが指摘されている（Salthe 1985）．

　ところで，キャンベルの指摘した意味での下向因果の例は個体のレベルの構造と機能についての問題であった．しかし，もし選択が個体よりも上のレベルでも働いているならば，この問題はさらに上へと拡張され，いっそう複雑な問題となる．生命が形成する階層システムにおいて個体より上の選択の単位が存在するなら，それが下位のレベルの現象にどのように因果的決定性を及ぼしているか．これは本章の二つめの問題，すなわち，上向および下向決定性の観点から生命の階層レベル間の関係性をいかに理解したらよいか，という一般問題に発展することになる．次節では，まず，個体より上の選択の単位に関する議論を概観し，レベル間の決定性にまつわる議論を整理する．次に，問題とする現象が，上位レベルの選択の結果（下向決定性）なのか，あるいは下位レベルの選択の"結果"なのか（あるいは，両方か），という論争を具体的に検討しよう．

2.6 階層と選択のレベル

個体より上のレベルの選択過程

　2.4節の「自然選択による進化」で述べたように，自然選択による進化は抽象的な過程として捉え直された．この抽象性は自然選択に拡張のパワーを与えることになる．ダーウィン自身が考えていたのは，個体のレベルの選択（図2.1の（Ⅲ，1）から（Ⅳ，1）へ）による進化であった．しかし，個体に限らずいかなる実体も，先の三つの条件（2.4節「自然選択による進化」）が整えば，その実体の集団は選択により進化する，と拡張できることになる．これは，選択が個体より下や上の様々な階層レベルの実体に対しても適用される可能性を意味している（そのレベルの実体を"選択の単位"という）．このような多元的なレベルの実体たちが選択を受けてきたとすれば，様々なレベルから下向決定性が働いているかもしれない．したがって，選択のレベルの問題は「生命現象がなぜそのようであるか」という問いへの説明における因果決定性の問題にも絡んでくる．

　ここに，三つの実体（X, Y, Z）があり，それぞれは，下位レベルの実体（A, B, C,…）の適当な組み合わせと比率で構成されているとしよう．ここで，A, B, C,…という実体のみならず，X, Y, Zという上位レベルの実体も，それぞれ，固有の存続確率を持ち，繁殖（自己分裂）すると仮定しよう．「繁殖」とは，一般的にいえば，ある実体が同じタイプの実体を生み出すことである．ここで，もしこれらの集団たち（X, Y, Z）にも三つの条件が成立すれば，これらの間で選択が起こり，最も適応度の高い集団の子孫集団が最終的に全体（集団の集まり）を占有することになる．この場合，選択レベルは集団を構成する実体（A, B, C,…）に加えて，集団（X, Y, Z）のレベルでも働くことになる．

　このように自然選択を単に形式的に上のレベルに当てはめることは簡単であるが，実際にはやっかいな問題が生じる．一つは，考慮している上位レベルの対象（X, Y, Z）が自然選択による進化の三つの条件を満たすかどうかという問題である．二つめは，三つの条件が満たされる場合，上位レベルの対象の「選択」（すなわち，生存率と繁殖率の差異）の原因が下位のレベルの実体（A, B, C,

…）の性質に完全に還元されるのか，あるいは，上位レベルにおいて現れる固有の性質（創発的性質）であるのか，という問題である．三つめは，複数のレベルで選択が共に働く場合，それらの間の干渉が起こるか．たとえば，下位のレベルの選択が上位のレベルの選択を無力化するか，それらの合成力として働くか，という問題である．

選択のレベルと単位の問題については第1章に詳しく述べられているので，ここでは，本章の目的である階層間の因果決定性に焦点を当て，集団レベルの選択としてグループ間の選択の要点と，第1章では取り上げられていない種選択を取り上げることにしよう．

集団の適応度

集団の適応度とはいったい何であろうか．集団レベルの選択が進化に及ぼす効果を調べるモデルは適応度として何を用いるかによって二つに分けることができる（Okasha 2006）．一つめは，集団を構成する個体の平均適応度である．仮に二つの集団のサイズ（個体数）が同じなら，集団の適応度（個体の平均適応度）が高い集団は，総数としてより多くの子を産出することになる．ここでは，個体集団Xからいくつの子集団が生み出されたかは問わず，その集団が生み出した子集団すべてに含まれる個体の総数を求め（これを親個体の数で割れば平均の子の数になる），これを集団の適応度とするものである．二つめは，集団自体の存続率（生存率）と分裂率を集団の適応度とするものである．たとえば，存続率が同じで，集団Xが四つ，Yが三つ，Zが二つの子集団を生み出したなら，Xが最も適応度が高いということになる．このとき，それぞれの子集団に含まれる個体数は問わない．前者の場合は，適応度は個々の個体のタイプの適応度ではなく，集団全体の個体の適応度の平均値であるから一種の集団レベルの適応度といえる．一方，後者の場合は，自然選択の定式における「個体」をそのまま集団に置き換えたものとなる．

集団レベルの選択のモデル中でグループ選択といわれるモデルのほとんどは前者に相当する．これは説明しようとしている形質が，利他行動のような個体の形質（つまり，集団の形質ではない）だからである．これに対して，後者のモデルは，集団＝種の場合にみられる．種選択とは，種分化率がより高く絶滅率

がより低い種の系統が，他の種の系統を排除していく過程である．種選択の理論が説明したいのは，種を構成する個体の形質ではなく，種形成率や絶滅率の異なる種の挙動である．以下に，グループ選択と種選択をそれぞれ概観し，そこにおける因果性の問題を検討しよう．

グループ選択

「他個体のために」あるいは「集団のために」働く機能や構造が生命システムに備わっているのだろうか．ヴェロ・ウィン＝エドワーズは，動物の個体群には，過度なエサ資源の消費による飢餓を避け最適な密度を維持するような個体のグループ（群）の調節機構があり，これはグループの間の選択（"グループ選択"）の結果であると考えた．しかし，このグループ選択による進化には多くの批判が浴びせられることになる．集団内では，利他個体は利他行動によるコストにより，そうでない個体よりも個体の適応度が低くなる．したがって，グループ間の選択は個体間の選択により無力化され，その重要度は非常に低いというものである．

反グループ選択論者は，利他行動は血縁者に振り向けられるものと考え，同じ利他形質を共有する個体の遺伝的タイプの利益に還元して説明しようとする血縁選択を提案した．この考えでは，"利他"の"他"とは，実は，血縁度で重み付けされた"己"（同じ遺伝的形質を共有する個体のタイプ）なのだ，という主張になる．このタイプの適応度を包括適応度という．しかし，ある条件が整えばグループ選択の重要性は無視しえない，というグループ選択論者の主張が復活する（第1章参照）．グループ選択のモデルとしてよく議論されるデイヴィド・S・ウィルソンのトレイト・グループ選択のモデルでは，個体が個々の小集団（トレイト・グループ）に分かれ，繁殖大集団に再集合するという集団構造のもとで，利他的形質がグループ選択により進化しうることが示されている（Sober & Wilson 1998）．一般に，利他的行動のような形質に関する進化も個体レベルに還元できると主張する個体選択論者であっても，グループ選択を原理的に否定している者はいない．進化の説明においてどれほどグループ選択を必要とするかという重要度について，両陣営で深く対立しているのである．

血縁選択は，個体自身の生存率と繁殖率を高めるような機能のみならず，近

縁個体をも利する機能を個体に備えさせ，さらに，トレイト・グループ選択は，近縁度の低い個体に対しても，これを利する機能を備えさせることになる．トレイト・グループ選択は，個体が個々のトレイト・グループに分かれ，繁殖大集団に再集合するという集団構造のダイナミズムが生み出すものであり，このような大域的過程が下向きに進化を規定している可能性を指摘している．

系統発生的進化と種選択

　図2.2で示した巨視的観察者2の時空間スケールをさらに拡大してみると，大進化という過程が視野に入ってくる．新しい種の出現と絶滅を伴う過程を大進化と呼ぶが，この大進化過程が示す動向，あるいはパターンは系統発生と呼ばれる．種を「特定の特性を持つ生物個体の集合（クラス）」とみる見方に対し，種を個物とみる立場では，種は，生物個体がそうであるように，時空間上に局在し始まりと終わりを持つ個物である，と捉えている（Ghiselin 1974）．この意味での種は，種内の個体のグループや地域個体群（デーム）よりさらに上位に位置する実体の候補である．先のグループ選択では，グループは結合性をもって生存し，分裂（個体の繁殖に対応）するような実体ではない．そこでのグループの適応度は，それを構成する個体の平均適応度で定義されており，グループ自体の生存率と分裂率では定義されていないので，2.4節で述べた自然選択の定式がそのままグループに適用されるものではない．これに対して種選択は，この定式がそのまま当てはめられる．

　化石データから化石種の分岐と絶滅の系統発生的過程が推定されており，種の分岐（種分化）と絶滅は図2.3のような樹の枝ぶりとして表される．ここでは，種2と3や種4と5の間の変化は連続的であるが，形態の違いの程度により別種として区分されている（恣意的であるが，このように区分された種を時間的（亜）種［chronospecies］と呼ぶ）．また，ある祖先種から以後に生じた子孫種全体をクレードという．以下では，系統発生的パターンを生み出す進化現象をどのように説明したらよいかという問題を選択の因果性の観点から検討しよう．

　2.4節で述べたように，選択には生存率の差と繁殖率の差の二つの要素がある．この過程を種に適用したものが種選択である．種が固有の存続する確率

2.6 階層と選択のレベル 49

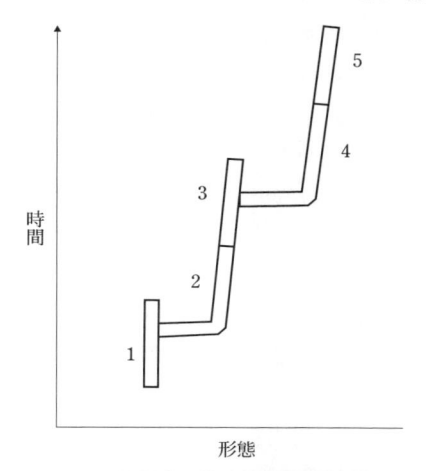

図2.3 種形成を伴う系統発生過程.

（通常はその逆の「絶滅率」をみる）と固有の種分化率をもつなら，個体レベルで考えたものと同様の選択が起こるはずである．一つの種が二つの種に分岐したり，子孫種のあるものが絶滅したりする過程，すなわち種選択の結果，種分化率が高く絶滅率の低い種が形成するクレードが時間とともに繁栄することになる（Stanley 1998）．

いうまでもなく，種選択説は種を実体とみている．種分化率や絶滅率の違いは種レベルの特性により生じるが，その特性は生物個体の特性の集成ではないという意味で個体に還元されない特性である．その候補として考えられるのは，種を構成する個体の数（多いほど絶滅率が低い），遺伝子プールの遺伝子頻度，そして変異の生成能などである．また，種選択という概念はさらにクレード選択に拡張され，前者を後者の特別な場合として位置づける意見も出されている（Williams 1992）．

しかし，系統発生的進化のパターンを因果的に説明する上で，少なくとも以下の二つの可能性を考えておかねばならない．一つは，種分化率と絶滅率の違いがその種の特性とは無関係な偶然的な要因（たとえば，物理的な環境変動）による場合である．これは，中立進化における遺伝的浮動に対応するので系統発生的浮動と呼ばれる．二つめは，系統発生的進化パターンの形成が偶然的では

ないが，種の特性でもない場合である．つまり，種を構成する"個体の特性"が原因となって生じる場合である．これは，個体レベルの特性と相互作用が高次の過程を決定する上向決定性といえる．たとえば，生態的なスペシャリストからなる種（資源や生息場所が特化した種）はジェネラリストからなる種より種分化率が高いというデータがあるが，これは，そのような個体の性質は地理的に非連続的な分布を生みやすく，メンバー（個体）間の遺伝子の流れが分断されやすいためと考えられる．つまり，種の特性ではなく，"個体の特性の結果"として種分化率に差が生じるものとみられている．エリザベス・ヴルバはこれを「結果仮説」と呼び，この過程を，種選択と区別して種選別と呼んでいる(Vrba 1984).

大進化のレベルでの因果的法則性は，実証的な検討が難しいこともあって論争は続いているが，性の進化のように個体レベルの自然選択ではうまく説明できない進化現象があり，種やクレードのような上位レベルの選択過程が働いた結果である可能性が十分ある．だとすると，新しい変異の生成能に関わると考えられる染色体構造や突然変異率，そして性という機能等の進化は，種やそれ以上のレベルで働いている法則が階層の下方向に制約を及ぼした結果だということになる．これは，現在の生命現象おける「なぜ」の問いに包括的に答える上で，大進化のような大きな時空間上の法則や歴史性に言及することを求めるものである．

2.7 おわりに

生命システムが階層化されていることについては誰もが認めるが，しかし，それがどのような階層構造になっているかという点については統一的な見解がないのが現状である．この不統一的状況に対して，階層構造は説明しようとする現象に応じた記述の枠組みとして存在するのであって実在性をそこに求めるべきではない，という見解も成り立つだろう．しかし，いずれにせよ，論理的に一貫性のある階層システムの枠組みのもとに，生命システムの階層構造とその進化との関係を明らかにすることが生命現象の理解にとって重要な課題であることは疑いない．

生物学的実体は"はかないもの"である．それは，生まれて，変化して，消滅する．細胞がそうであり，個体，個体群，種（系統）もそうである．物理学は，還元論的な方向に実在を探求してきた歴史の中で，現象を因果的にあるいは整合的に理解しようとして新しい実体を発見，あるいは理論的に予言してきた．たとえば，生成・消滅を繰り返す素粒子の背後に"場"という"存続し続ける実体"を見いだした．生物学においても，生成・消滅を繰り返す細胞の背後に"個体"を，生成・消滅する個体の背後に"個体群"を見いだすといったように，類似した実在の認識が見られる．我々人間は個体である．したがって，自らの時空間スケールを大きく超える巨視的な実体の実在性の認識には困難が伴う．種の実在性や大進化の時空間スケールでの生物学的実在の容認について論争が紛糾していることもうなずける．この章で扱った問題の背後には，時空間スケールの間に存在しうる因果決定性の問題のみならず，実在とは何かという古くから続く哲学の問題も潜んでいるのである．

引用文献

Anderson, P.B., Emmeche, C., Finnemann, N.O. and Christiansen, P.V. (eds.), (2000) *Downward Causation: minds, bodies, matter*, Aarhus University Press, Aarhus.
Bertalanffy, L. von (1968) *General System Theory*, George Braziller, New York, NY.（ルトヴィヒ・フォン・ベルタランフィ「一般システム理論―その基礎・発展・応用」(1973) 長野敬・太田邦昌訳，みすず書房）
Bunge, M. (1963) *Causality*, Dover Publications, Inc., New York, NY.（マリオ・ブンゲ「因果性」(1972) 黒崎宏訳，岩波書店）
Campbell, D. T. (1974) "'Downward causation' in hierarchically organized biological systems", F. Ayala and Dobzhansky, T. (eds.), *Studies in the Philosophy of Biology*, University of California University Press, Berkeley.
Eldredge, N. (1999) *The Pattern of Evolution*, W.H. Freeman and Company, NY.
Ghiselin, M. (1974) "A radical solution to the species problem", *Systematic Zoology* 23: 536-544.
Hulswit, M. (2006) "How Causal is Downward Causation?", *Journal for General*

Philosophy of Science 36: 261-287.
Maturana, H. and Varela, F. (1980) *Autopoiesis and Cognition: the Realization of the Living*. Reidel, Dordrecht.
Lewontin, R. C. (1970) "The unit of selection", *Annual Review of Ecology and Systematics* 1: 1-18.
Nakajima, T. (1998) "Ecological mechanisms of evolution by natural selection: causal processes generating density-and-frequency dependent fitness", *Journal of Theoretical Biology* 190: 313-331.
Okasha, S. (2006) *Evolution and the Levels of Selection*, Clarendon Press, Oxford.
Pittendrigh, C. S. (1958) "Adaptation, natural selection, and behavior", Roe, A. and Sympson, G. G. (eds.), *Behavior and Evolution*, Yale University Press, New Haven & London.
Salthe, S. N. (1985) *Evolving Hierarchical Systems*, Columbia University Press, New York, NY.
Simon, H. A. (1996) *The Sciences of the Artificial, 3rd Ed*, The MIT Press, Cambridge, MA. (ハーバート・サイモン「システムの科学」(1999) 稲葉元吉・吉原英樹訳, パーソナルメディア)
Sober, E. and Wilson, D. S. (1998) *Unto Others*, Harvard University Press, Cambridge, MA.
Stanley, S. M. (1998) *Macroevolution: Pattern and Process*, Johns Hopkins Univ. Press, Baltimore.
Vrba, E. (1984) "What is species selection?", *Syst. Zool.* 33: 318-328.
Williams, G. (1992) *Natural Selection: Domains, Levels, and Challenges*, Oxford Univ. Press, NY.
Wright, S. (1982) "The shifting balance theory and macroevolution", *Annual Review of Genetics* 16: 1-19.
渡辺慧 (1980)「生命と自由」, 岩波新書.

第3章　生物学における目的と機能

◆

大塚　淳

3.1　目的論とは：今日における問題

　本稿では，生物学における目的論の問題を扱う．目的論（teleology）とはその名の通り，対象の中に合目的性を認め，それをもとに対象のふるまいや性質を理解あるいは説明することである．一般に目的論的言明は，ある事象が「なんのためのものであるか」を示すことによって，その事象を説明する．たとえば，熊は餌を獲るために川底を探る，カタカケフウチョウのダンスは求愛のためのものである，などと言うとき，我々はそれらの行動の目的を問題にしている．

　アリストテレス以来，生物学においては，単なる因果的説明に加え，こうした目的論的な理解が必須である，ということがしばしば主張されてきた．一見，この主張はもっともらしい．もしカタカケフウチョウのダンスの目的を突き止めることが，何であれその生理的メカニズムの解明だけからは得られない知識を我々に与えるのであれば，確かに目的論は一定の説明役割を担うといえるだろう．しかし他方で，このことは生物学者に一つのジレンマを与え続けてきた．因果的説明に回収されない「別種の説明」とは一体何なのだろうか．そもそも事物の目的を示すことは説明なのか．また説明だとして，そこでは何が，何によって，どのような意味において説明されているのだろうか．これに対する伝統的な回答は，「目的因（final cause）」と呼ばれるある種の原因性を認めることによって，いわゆる通常の因果性（すなわち「始動因（efficient cause）」）とは別個の原理を自然界に導入する，というものであった．しかしながら，これは機械論的な前提に立つ現代の生物学者にとって，いささか大きすぎる代償であ

る．すると問題は次のようになる．すなわち，今日の機械論的な枠組みと整合的な形で，目的論的言明に一定の意義を認めることはできるのだろうか？

本稿ではこの問題を，三つの視点から取り上げる．一つ目の焦点は，生物のふるまいに見られる合目的性である．単なる物理現象とは異なり，生物の行動の多くは特定の目標に向けられている．しかしそうした我々の直感を支えるものは何だろうか．またそうした説明は（それが説明だとして），因果的・機械論的な説明とどのように関係しているのか．二番目に考察するのは，生物の環境への適合である．そこでは，進化生物学で用いられる機能，あるいは生物学的な「ために」性（for-ness）に関する言明を，どのように理解するべきかを考える．そして最後には，発見法としての目的論の役割を考察する．生物を合目的な構造として見ることにはどのような利点があり，また弊害があるのだろうか．また，そうした見方と非目的論的な見方はどのように関係するのか．本稿ではこれらの問いを通じて，今日の生物学における目的論の位置づけを考えていきたい．

3.2 目的指向性と因果的説明

生物において最も我々の目を引き，それを非生物的な物体と区別する特徴となるのは，そのふるまいの合目的性だろう．狩をする鷹は，刻々と位置を変える獲物の位置に自らの進路を合わせ，的確に対象を捉える．恒温動物の体温は，外部気温がめまぐるしく変わる中でも，一定の域を出ないように精確に調整されている．我々はこのような事例を前にしたとき，それらが合目的，すなわち一定の目標に対して「向けられた」現象であると感じ，そこに他の自然事物との違いを見て取るのである．

しかし，ある目的に「向かっている」という直感は，正確には何を意味するのだろうか．なんとなれば，熟れて木から落ちるリンゴも，地表に「向かっている」と言うこともできるからだ．しかし我々はこのとき，リンゴを目的論的に理解しているわけではない．リンゴは，ある一定の物理規則，すなわち自由落下法則にしたがって運動している．しかし我々が目的性を認めるような運動は，これとは違った規則性にしたがっているように見える．すなわちそうした

3.2 目的指向性と因果的説明

運動は，その結果の観点から，つまりそれがある事態——目的——を帰結する（だろう）ということから理解される．しかしなぜそのような理解が可能なのだろうか．チャールズ・テイラーは，それは我々が運動を行う事物に対し，その運動が一定の結果を帰結するようなタイプのものであればそれを行う，というような規則性を措定しているためだと分析した（Taylor 1964, chap.1）．つまり「ある行為者 a が G という目的を持つ」ということで意味されているのは，次のようなことである．

　行為者 a が G という目的を持つ
　＝任意の行為 X について，X が G をもたらすならば，a は X を行う……(#)

これを先ほどの鷹に即して考えてみよう．我々は狩をする鷹に，「獲物への接近」という目的（G）を付与する．そうすることで我々は，鷹がいかようにふるまうのかを予測できる．つまり，鷹は獲物への接近 G をもたらすようなことを率先して行うだろう．何が G をもたらすかは，状況によって変化しうる（たとえば獲物が右にいれば右旋回，左に逸れれば左旋回が該当する）．しかし上式（#）が妥当である限り，そのように刻々変化する状況において，鷹が示すであろう多種多様な行動を，一まとめに予測することができる．このように，ある行為者に対し一定の目的を付与するとは，その行為者に（#）が示すような一定の行動ルールを想定し，そのルールに基いて個々の行為を予測するということなのである．

ではどのようなときに，我々は目的論的な行動ルールを対象に想定することができるのだろうか．まず注意すべきなのは，仮に式（#）がある行為者に適用されるとしても，それが真なのは部分的でしかない，ということである．たとえば鷹が獲物となる鳥の鳴き声を真似てその仲間を装うことができたら，それは確かに目的 G をもたらすかもしれない．しかし鷹にはそのような習性はない．つまり目的論的な行動ルールは，一定の境界条件（ある決められた X の範囲）のうちにおいてのみ有効となる．しかし逆に，あまりにも狭い境界条件は，（#）の予測能力を弱める．もし X の幅をたった一つ，たとえば「自由落下」に限れば，（自由落下は地表への到達をもたらすだろうから）木から落ちるリンゴにこの限定的ルールを適用することも確かに可能だろう．その場合，リン

ゴは地表に落ちることを目的としている，とも言いうるかもしれない．しかしそうした目的言明は，自由落下以外のリンゴのふるまいについて，何の予測ももたらさないのである[1]．

以上の考察は，目的論の適用に関する一種のプラグマティズムを示唆する．この立場によれば，ある対象の目的性は，客観的に決まる事実というよりもむしろ我々のものの見方なのであって，我々がそのような見方を取るべきか否かは，それがどの程度我々の関心にとって役立つかに応じて決まってくる．ダニエル・デネットは，こうした目的論的なものの見方を，**志向姿勢**（intentional stance）と呼んでいる（Dennett 1987）．彼は，対象を合目的なものとして考えることの認識論的利点を強調する．たとえば，空飛ぶ鷹の飛行進路を予測したいとしよう．このとき，この鷹は何か獲物を狙っているようだと気づくことができれば，つまり獲物の捕獲につながるような行動をとるだろうという規則性を鷹に対して想定することができれば，我々はより正確で効率的な予測を行うことができるだろう．これは，煩雑な生理機構の考察（たとえば筋肉の微小な動きから次の瞬間の方向転換を推定するなど）のみからは容易には得がたい予測を与えてくれるという意味で，有益である．原則として志向姿勢は，それが役に立つ限り，いかなる対象に対しても採用することが可能である．たとえば，雷に対して，それが地面に達する最短の道を通ろうとしていると考え，その合目的性にしたがって，なぜ避雷針が有効なのかを説明することも可能だろう（*ibid.* 邦訳 p.32-33）．つまりこの見解にしたがえば，上述の規則が（その境界条件とともに）適用できるか否かは，この規則の採用がどれほど正確で興味深い予測を我々に与えてくれるかという観点から決まってくる．

目的論の有用性は我々の認識的関心に左右されるというデネットの主張を仮に認めたとしても，そうした志向姿勢が妥当であるための根拠の一部，しかもその重要な一部は，やはり自然の側に存在するだろう．志向姿勢が興味深い予測をもたらすためには，その根底にある規則性（#）の変項（X）の範囲はなるべく広く，多様でなければならない．そして予測が正確であるためには，そ

---

[1] さらにそれは，なぜリンゴは自由落下をするのか，という問いにも答えてくれない．それはちょうど，睡眠薬を飲むとなぜ眠くなるのかと問われて，それは薬に「誘眠作用（vis dormitiva）」があるからだと答えたあのモリエールの風刺劇の医者と同様である．

の規則性が（一定の範囲内で）実際に成立していなければならない．それを決めるのは，我々ではなく，世界の客観的構造である．我々は通常，そうした自然の規則性を，経験的観察を通して知る．鷹が獲物を追っている（つまり一定の目的論的な規則性にしたがっている）かどうかは，そのふるまいを見ることで判断・検証される．上述した目的論的説明は，観察から得られた規則性に基いて，対象のさらなる行動を予測する．しかし注意すべきは，目的論は規則性を用いた説明なのであって，規則性そのものの説明ではない，ということだ．それはちょうどガリレオの落体法則が，物体がどのように落下するかを説明しても，なぜそもそもそのような法則が成立しているのかについては何も言わないのと同様に，あくまで対象に関する**現象論的説明**なのであって，その根拠やメカニズムの解明ではないのである．

となると次の問題は，目的論的説明およびその基にある規則性を可能にするメカニズムは何か，という問いであろう．ここにおいて初めて，古くから目的論に付きまとってきた問題，すなわち生気論の問題が頭をもたげてくる．生気論者ハンス・ドリーシュは，その著書『生気論の歴史と理論』の冒頭において以下のように述べる．

> 生気論の主要な問題は，生命プロセスは本当に合目的だと呼べるのか，ということにあるのではない．むしろ問題は，そうしたプロセスの合目的性が，非有機的な科学においてすでに馴染みの要因が特殊な仕方で組み合わされた結果なのか，あるいはそれがそのようなプロセス自体に固有の自律性によるものなのか，ということである（強調原文，Driesch 1914, p.1）．

この一節(マニフェスト)は，生気論が何を目指し，また何を目指していないかを極めて明確にしている．すなわちそれが問題とするのは，生物が合目的かどうか，ということではない．すでに述べたように，合目的なパターンが存在するということは，生気論を持ち出すまでもなく，我々の日常的観察から明らかである．むしろ生気論の焦点は，そうした規則性は何によって実現されるかということ，つまり目的論的なパターンを実現するメカニズムにある．生気論では，このメカニズムが機械論的な枠組みでは説明されえず，そしてそれゆえに，その説明には別個の非因果的な原理が必要になる，と主張される．そうした非因果的な

原理，すなわち各生気論において「エラン・ヴィタール」あるいは「エンテレヒー」などと呼び慣わされているものの内実には，ここで立ち入る必要はない．むしろ重要なのは，生気論の立論は，常にある種のアンチテーゼの形でなされるということである．つまりどんなものであれ生命固有の原理の措定が魅力的な選択肢として映るためには，現行の因果的原理では生物の合目的プロセスはとても説明できない，という認識がまずもって共有されなければならない．

　ドリーシュをはじめ多くの生気論者にとって合目的性が機械論への挑戦と映る理由は，合目的プロセスのもつ特殊な性格，すなわち選択性にある．目的論的規則は，システムの行動基準を行動が特定の帰結をもたらすか否かに置くことによって，そのシステムが一定の行動——つまり目的とされる事態の実現に寄与する行動——を選択的に行っているという印象を我々に与える．ところが通常の物理的運動，たとえばキューで突かれることによって等速直線運動を始めるビリヤードボールは，一般にこうした選択性を示さない．ボールの運動は，そのボールに内在する一定の運動基準に合致したために生じているのではない——むしろボールは，キューとの衝突の角度と強さに応じて，いかなる仕方での運動も許容したことだろう．つまりそうした事物は，自らの運動に対して受動的である．他方，目的論的規則性は，対象が示す運動の種類に対して一定の基準を設ける．そうすることで，我々はその対象にある種の能動性，すなわちそれが一定のタイプのふるまいを優先的に行うという本性的な傾向性を見て取ることになる．こうした能動的な選択性が，機械論への懐疑的態度を動機付けている．

　これに対して前世紀の科学は，生物の合目的ふるまいに対しても機械論的アプローチが有用であることを繰り返し示してきた．そこでとりわけ重要な役割を果たしてきたのが，**負のフィードバック**（negative feedback）の概念である（Wiener, Rosenblueth, and Bigelow 1943）．負のフィードバックシステムは，システムの出力と一定の状態（目的）との間のズレを再びシステムに返すことによって，そのズレを次第に減少させていく，つまり最終的な出力を目的状態に近づけるように働く．たとえば細胞内での調節の多くは，反応系の最初に働く酵素が，そこから生じる産物によって阻害されることによってなされている（図3.1 (a)）．こうしたフィードバック阻害の機構によって，細胞はその生産物

3.2 目的指向性と因果的説明

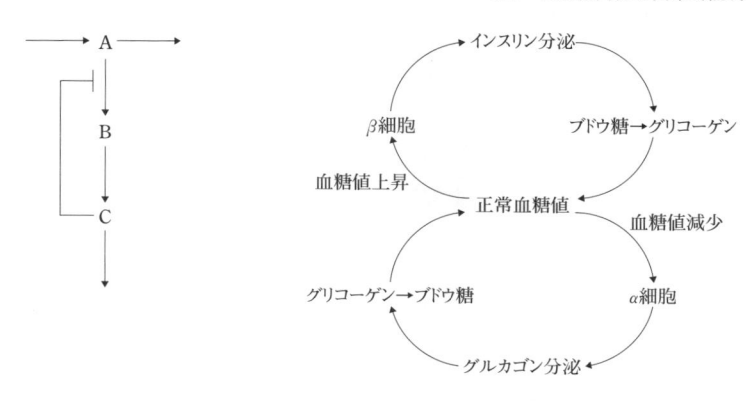

図3.1(a) 細胞内の負のフィードバックの図式
ここでは産物Cが酵素AによるBの合成を阻害し、結果的にCの産出量が一定に調節される。

(b) ヒトの血糖値（血中ブドウ糖濃度）の制御
正常値からのズレによって負のフィードバックが作動し、そのズレが補正される。

が一定の濃度を保つように、反応速度を調整する。そうすることでそれは、反応を続けるか否かを、その結果が生産物の濃度を一定値に保つかどうかに応じて、あたかも選択しているかのようにふるまうのである。こうして現在では、さまざまな生物学的事例における合目的性が、その実「馴染みの要因が特殊な仕方で組み合わされた」結果にすぎないこと、すなわちそれが因果的メカニズムに還元可能であることが示されている。

このような還元の成功は、何を意味するのだろうか。それは確かに、生気論の動機をくじくだろう。結局、機械論は生命の合目的現象を探求する際にも有用なリサーチプログラムだったのであり、生気論者が提案するような別個の枠組みを持ち出す必要はなさそうである。しかし一方で、こうした還元は生物の目的論的理解そのもの、つまり我々が前述の目的論的規則にしたがって生命現象を捉えること自体を否定あるいは反駁するものではない。というのも、ある規則を基礎づける別種の説明が存在するということは、その規則の正当性を損なうものではないからである（それはニュートン力学によってケプラーの三法則が否定されるわけではないのと同様である）。むしろ因果的メカニズムの解明は、なぜ特定の目的論的規則が成立しているのかを説明し、その規則の適用可能範

囲を明確にすることによって，そうした規則による理解を正当化し，またより精確にする．たとえば，ヒトの血糖値はインスリンやグルカゴンなどのホルモン系によって一定値に調節されている（図3.1(b)）．これらのメカニズムは，我々が疲労時に甘いものを欲する理由を説明するとともに，そうした摂食パターンがどのような条件のもとで正常に働き，あるいは破綻するのかを明らかにする．しかしだからといって，我々が疲労時に甘いものを欲するというパターン（合目的性）や，そうしたパターンに基づく説明（目的論的説明）が否定されるわけではない．また他方で，目的論的な観点は，メカニズムだけからはもたらされないような理解を与える．腹を空かせた熊が獲物を探し回るのには無数の仕方がある．それは川底を漁り，穴を掘り，木々に目を凝らす．このように多様な行動に共通し，その一括した予測を可能にするような生化学的法則は存在しないか，しても非常に複雑なものになるだろう．しかし我々はその熊に狩猟という目的論的規則性を適用することによって，そうした多様な行動を統一的に理解し，かつ予測する手立てを得ることができる．

　本節での議論をまとめると，次のようになる．生物のふるまいが合目的であるという直感のもとにあるのは，その行動の規則性である．この規則性は，行動の性質（それが一定の帰結をもたらすか否か）に基づいてその生起を予測する．負のフィードバックは，こうした規則性を実現する因果的メカニズムの一例である．メカニズムについての理解は，生物の行動が実際に合目的である，つまり当該の規則性に沿ったものであるということを保証する．しかし一方で，目的論的規則性は，そうした個別的なメカニズムからは導かれないような包括的な観点によって生物のふるまいを理解する手立てを与えるのである．

3.3　進化生物学における機能言明

　前節での議論は，生物の行動上の合目的性に焦点を絞ってきた．しかし行動は生物界の合目的性の一側面でしかない．もう一つの顕著な事実は，生物の構造や習性が示す環境に対する適合である．C・H・ウォディントンはこの二つを，順応性（adaptability）と適応性（adaptedness）という二つの用語によって区別している（Waddington 1957）．順応性とは，前節で見たように，生物のふ

るまいが状況に可変的に対応できることを指す．他方，適応性あるいは適応 (adaptation) は，シロクマの白い毛のように，そのような可変性を持たないものの，それでもやはり環境にうまくフィットしているような生物形質を指す．ウィリアム・ペイリーに代表される自然神学者は，こうした生物の合目的形態を，神による実際のデザインの産物として解釈してきた (Paley 1802)．ダーウィンの自然選択説は，そのような考えを否定し，合目的に見えるデザインはその実，遺伝的な変異と生存競争の結果に過ぎないことを示した．しかしその後も進化生物学者は，形質の機能 (function) という目的論的な言い回しを用い続けてきた．実際，心臓の機能は血液循環であって心音の発生ではないということは，心臓は血液循環のためのものであって心音発生のためのものではないということに等しい[2]．このような意味での機能を特定し，それを単なる副効果（たとえば心臓の心音発生）と区別することは，生物を理解する上での重要なステップである．

　ダーウィン以降において，こうした目的論的言明はどのように理解されるべきなのだろうか．「目的論は生物学の情婦のようなものだ．彼は彼女なしでは生きられないのに，彼女とともに公衆の面前に現れようとはしない」と述べたのは，進化的総合の立役者の一人，J・B・S・ホールデンである．目的論に対するこのアンビバレンスと問題意識は，その後一部の生物学者に引き継がれ，生物学における目的論的言明を他の用語によって言い換える試みがなされてきた．コリン・ピッテンドレーは，「目的論 (teleology)」という言葉はアリストテレス由来の怪しげな非機械論的原理を思い起こさせるとして，生物の合目的性には「**目的律** (teleonomy)」という用語をあてるべきだと主張した (Pittendrigh 1958)．一方フランソワ・ジャコブとエルンスト・マイアはそれぞれ，目的論をプログラムという概念で置き換えることを提案している (Jacob 1976; Mayr 1989)．彼らは，生物形態についての目的論的言明は，その発生に責任を持つ遺伝的プログラム——すなわち DNA——の存在によって正当化されると考え

---

[2] しかし一方で，生物学における機能言明は非目的論的に解釈されるべきだという主張も存在する (c.f. Cummins 1975)．そうした主張によれば，ある形質の機能は，その形質が部分をなすシステム全体の働きに対する役割あるいは貢献として理解される．一般にこうした意味での機能は，因果役割機能 (causal role function) と呼ばれる．

たのである．たとえば，心臓の機能が血液循環であるのは，心臓の発生が血液循環を行うように遺伝的にプログラムされているからだ，というように．しかしこれは問題の挿げ替えに過ぎない．結局のところ，プログラムという用語も優れて目的論的なメタファーに他ならないからである（Keller 2000）．目的論で問題となるのは，その言い回しや外面的な表現ではなく，そうした表現の意味内容である．よってそれを単に他の表現で置き換えても，事態は何も進展しないのである．

では形質に機能を付与し，それを合目的なものとして語ることには，どのような意味があるのだろうか．そしてなぜ生物学者は，そうした目的を語ることなしには「生きられない」のだろうか．70年代以降の哲学者は，対象に目的あるいは機能を付与するということは，その対象に対し説明を与えることに等しいということに注目してきた．畑の真ん中に立っている案山子を指して，あの人形の目的は鳥に警告を与え追い払うことだ，と述べるとき，我々は何を意図しているのだろうか．我々はこう言うことで，案山子が実際に鳥を脅かし，そしてその作用ゆえに案山子がそこに設置されているのだ，と述べているのである．つまり，案山子の目的ないし機能に関する言明は，なぜそんな人形が畑の中に立っているのかを説明する．このように，一般にあるものの目的や機能を指摘することは，「それがなぜ存在するのか」という問い，すなわちものの起源に関する問いかけに対し，そのものの作用を根拠として解答を与えることに他ならない（Wright 1973）[3]．目的論のこのような解釈は，**起源説**（etiological view）と呼ばれ，今日のコンセンサスをなしている．

しかし，その作用を根拠としてものの起源を説明する，とはいかなることなのだろうか．上述の案山子の例では，その説明は設置した人間の意図に暗黙的に依存している．しかしそうしたものが認められない生物学的ケースにおいては，目的論はいかにして可能なのだろうか．これを定式化したのが，ルース・G・ミリカンの**直接固有機能**（direct proper function）の概念である（Millikan 1984）．モノの行いによってそのモノの出自を説明する，ということがトリッキーに思われるのは，我々がそこでの「モノ」を個別的なトークンとして考え

---

[3] こうした考え方は，前節で紹介したテイラーによる目的論解釈と親和性を持つことに注意されたい．実際，ラリー・ライトの機能概念はテイラーの議論を下敷きに発展してきたものである．

ているからである．個別的なモノの作用は当然そのモノの生成より時間的に後でなければならない．であればどうして前者によって後者を説明することができよう．しかし，そこで言われているそのモノを一つの種類，すなわちタイプとして考えてみたらどうであろうか．ミリカンの議論では，過去に同一のタイプに属したモノの作用によって，現在そのタイプに属するモノの存在が説明される．ミリカンは，このタイプを複製族（reproductively established family）と呼ぶ．直感的に言えば，同一複製族は同じものからのコピー——たとえば遺伝子——によって構成される．さらには，このように各々のメンバー自身が複製関係によって結びついている一階のものに加えて，そうしたコピーから生み出された同類のアイテムの集合——たとえばコピー関係にある遺伝子から発現するタンパク質，ひいてはそれによって形作られる各器官——も高階の複製族として認められる．たとえば私の心臓は，私の祖先の心臓と，さらには遠い祖先を経由してあなたの心臓とも同一の高階複製族（すなわちヒトの「心臓」というタイプ）に属している．この上で，ミリカンは機能を次のように定義する（図3.2）：

メンバーmの機能がFであるのは次のとき，またそのときに限る：
① mは複製族Tのメンバーであり，
② 過去Tのメンバーm′がFを遂行し，
③ さらに前項の事実（m′によるFの遂行）が，現在mが存在していることを説明する．

したがって，心臓の機能は血液循環である，あるいは心臓は血液循環のためのものである，という言明は，過去においてその祖先形質が血液循環を行い，そのために現在心臓なるものが存在している，と言うことに等しい．ここで説明項（過去における血液循環の遂行）と被説明項（心臓の現在の存在）をつなぐのが，自然選択説である．というのも，自然選択説こそまさに，過去において生物形質が示した生存および繁殖上の利点から，なぜその形質が普及しているのかを説明する道具立てを与えるものだからである．

このことから，なぜ生物学において目的論が容認され，必要とされるのかが理解される．生物学者（少なくとも進化生物学者）が目的論なしでは「生きられ

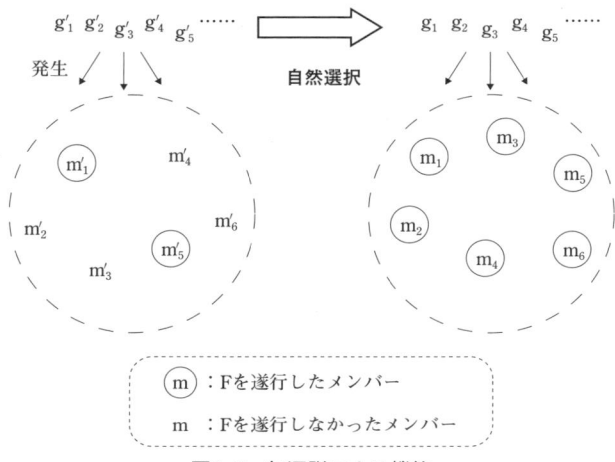

図3.2 起源説による機能

各遺伝子型 g_i は一階の複製族，各表現型 m_i は高階の複製族(T) を構成する．過去の時点（左側）において，Tのメンバー （m'_1, m'_5）がFを遂行し，そのために生存上有利となった．そのため後代（右側）ではFを遂行する個体が全集団に広まっている．つまりmはFを遂行したがゆえに（自然選択によって）普及・存在している．このときFはmの機能とされる．

ない」のは，目的論的説明が進化生物学における主要問題，すなわち生物形質がどのような効果のために選択され，進化してきたのか，という問題への解答を与えるからである．いわば選択進化の問いは，形質の目的についての問いであるといって差し支えない．そして起源論は同時に，なぜ生物学以外，たとえば物理学や化学において目的論的な言明が用いられないのかも明らかにする．つまるところそれは，そうした学問においては，対象の由来がそもそも問題とならないか，あるいは問題となってもそれを対象の効果から説明するような自然選択的な原理が存在しないからに他ならない．このように，対象の起源に対する関心と自然選択という説明原理が，生物学に他の諸科学には見られない独自性を与えるとともに，そこでの目的論的説明の使用を正当化しているのである．

3.4 発見法としての目的論

　起源説によれば，生物形質の機能とはその進化史についての答えである．ある形質に機能あるいは目的を付与するためには，まずその形質の起源を自然選択説の枠組み内で示さなければならない．つまり，形質が実際に当該の機能に対する適応であるということを，一定の進化モデルのもとで確証しなければならない．そのためにはどのような手続きが必要なのだろうか．自然選択による進化は，三つの条件からの必然的帰結として理解される．その条件とは，①集団を構成する個体間に表現型上でのばらつき（変異）が存在し，②そうした表現型上の差異が適応度の差異を伴っており，③なおかつその差異が子孫に遺伝する，ということである．よって形質が実際に適応かどうかを厳密に知るためには，こうした条件が過去に成立していたのかどうかを確かめなければならない．この検証過程を経て初めて，たとえばカモメの翼は空を飛ぶためのものであると言うことが許されるのである．

　言うまでもなくこうした作業は大仕事であり，もしそれを厳密に求めるのであれば，進化生物学者によって機能として考えられている形質の多くは，現時点ではそのように呼ばれる資格を失うか，あるいは少なくとも留保されねばならないだろう．では生物学者は，歴史的検証を待たずして，機能という言葉を軽々しく口にしたり，生物の持つ特定の形質を目的論的に考えたりするべきではないのだろうか．また逆に，過去の由来を明らかにすることが，目的論のすべてなのだろうか．つまり進化生物学において目的論とは，結局のところ，適応にまつわる煩瑣な進化論的説明を一言でまとめる，便利な言い回しとしての役割しか持たないのだろうか．

　こうした問題意識から，一部の哲学者および生物学者たちは，目的論が持つ発見法としての役割を主張している．そこで強調されるのは，生物が持つ形質を，その歴史的由来はとりあえず度外視した上で，ある種の道具，すなわち何らかの問題解決のための手段として見なすことの重要性である（Ruse 2000）．ステゴサウルスの背中に並ぶ骨質の板は，放熱板のように体内の熱を逃がすのに適したデザインをしている．おそらく，それは実際に放熱への適応として進

化してきたのかもしれない．しかし古生物学者がステゴサウルスの背中の板の工学的類似性を見て取り，それが放熱板として機能していたと考えるとき，そこでは必ずしも当該形質の起源が問題とされているわけではない．むしろ彼らが問うているのは，そもそもステゴサウルスの背中の板は何を行っていたのか，ということである．つまりそこでは，目的を通して，実際の用途が推論されているのである．古生物学における**パラダイム法**（paradigm method）は，目的論のこうした用法を端的に表している（Rudwick 1964）．古生物学においてしばしば問題となるのは，すでに絶滅してしまった生物種の生態を，限られた形態データから推測することである．たとえば，腕足類の化石には二枚の殻の合わせ目がギザギザになっているものが多いが，このギザギザの嚙み合わせは何に使われていたのであろうか．マーチン・J・S・ルドウィックはこの問いに答えるために，その構造は何に対して役立つだろうかということを考える．合わせ目がギザギザになっていることにより，殻を開けたときの隙間が少なくてすむ．ということは，それは砂粒の進入を防ぐためのものだったのだろう．パラダイム法では，まずこのように一定の構造をさまざまな用途に対する手段として捉え，その後，それらの手段候補のうち当該の構造によって最も「良く果たされる」ものが，実際にその構造によって「行われていた」ことだろうと結論される．つまりこの方法においては，生物形質を特定の目的に対する手段として見ることを通して，それが実際にどのように使用されていたかが推測されるのである．

　また，適応仮説を立てる前段階としても，目的論的な見方は重要である．ステゴサウルスの板が放熱作用に対する自然選択によって進化してきたという仮説を立て，さらにその仮説を一定の進化モデルに沿って検証するためには，まずそれに先立ち，その構造が一種の放熱板として効果的に作用する，ということを見て取らねばならない（Ruse 2000）．これはつまり，その構造を放熱という技術的問題（目的）に対する工学的解答（手段）と類比的に捉えるということである．デネットは，このような適応仮説の生成方法としての目的論の使用を，**リバースエンジニアリング**（reverse-engineering）と呼び，進化生物学における中心的思考として位置づける（Dennett 1995, 邦訳 p.285）．家電会社に勤めるエンジニアを思い浮かべてみよう．彼のもとに，最近発売されたライバル

会社の新製品を分析するようにと上司から指令がくる．このとき彼は，その製品を分解し，中の部品一つ一つについて，それが全体の作動において持つ意味を探ろうとするだろう．生物を目の前にした進化生物学者も，これと事情は同様である．彼はその生物の進化史を考える前に，なによりもまずその各部分がその生態環境においてどんな役割を果たし，どのようにその生物を益しているのかを考えなければならない．つまり彼は生物をリバースエンジニアリングしなければならない．こうして得られた情報をもとにして初めて，形質に特定の適応度を割り当て，一定の自然選択モデルにしたがってその進化を考えることができるのである．

　発見法としての目的論という考え方自体は，決して新しいものではない．すでにカントは『判断力批判』において，有機体における法則性を発見するための手引きとして，対象を合目的なものとして見なすことの必要性を強調している．目的論に対するこのカント的な見方は，19世紀の生物学的探求に大きな影響を与えた．その一つの流れは，ドイツ生物学，とりわけ発生学 (embryology) の発展である (Lenoir 1982)．ヨハン・F・ブルーメンバッハに始まる当時の解剖学者たちは，胚から成体に至る合目的な組織化パターンを事実として認めた上で，それをその背後にある発生メカニズム同定のための道しるべとして用いた．他方フランスでは，比較解剖学者ジョルジュ・キュビエが，生物の各器官の生息環境への適合を，形態相関の法則 (loi de corrélation des formes) と呼ばれる目的論的な原理によって表している (Cuvier 1836)．生物の各部分は，その生存条件に即して，有機的に協調しなければならない．たとえばある動物が肉食に適した消化管を持つのであれば，それは草をすり潰すような臼状の歯ではなく，むしろ肉を切り裂く鋭い裂肉歯と丈夫な顎を有していなければならないだろう．キュビエはこのように生物の各部分が織り成す機能的相関を利用することで，一部分の状態から他の部分を推論し，絶滅した生物の全体的な形態をその断片的な化石データから導くことができると主張している．

　『判断力批判』においてカントは，目的論的な思考は，我々の認識をまとめる統制的なものであって，対象自身を因果的に説明する構成的原理ではない，ということに再三注意を促している．これは平たく言えば，あたかも目的に沿

って構成されていると考えることは我々が生物を認識するためには役に立つが，だからといって実際にそのような目的が因果的に作用して生物を形作ったと考えてはならない，ということである．目的論は物事を説明しない．その役割は，生物の多様な形態を一つの秩序だった仕方で示し，かつそこから新たな発見へと橋渡しすることである．現代の論者が目的論の発見法的用法を強調するとき，彼らが念頭においているのはカントのこうした区別である．パラダイム法によってステゴサウルスの背中の板を見るとき，そこで問題となっていたのはそれがいかにして生じたのかという説明ではなく，むしろそれが何を行っていたのかという事実の発見であった．もちろんこのようにして発見された事実は，一定の進化モデルと組み合わされることで，さらにその事実の進化起源に関する説明へとつながっていく可能性を秘めている（それこそが生物をリバースエンジニアリングすることの動機である）．しかし起源論が，目的論を自然選択説による生物形質の説明そのものと解釈するのに対して，発見法的解釈では，目的論それ自体は説明力を持たない．むしろそれは因果的説明に先立ち，その説明仮説を見つけ出すという役割を担っているのである．

3.5 「型の一致」と適応主義批判

　前節で述べたように，発見法としての目的論の歴史はダーウィン以前にさかのぼる．そして同時に，そこから生じる弊害の歴史も，また古い．発見法として捉えた際の目的論の弊害は，主にその能力への過信に起因している．たとえば，すべての生物形態は生存条件のみから導くことができるというキュビエの考えは，すでに同時代においても疑問視され，遅くとも19世紀中盤には完全に否定された．キュビエの同僚，エティエンヌ・ジョフロワ・サンチレールは，こうした機能偏重に異を唱えた第一人者である（Geoffroy 1818）．彼は生息環境や使用法に関わらず広く生物種に共通している構造の存在を主張し，生物はキュビエ流の生存条件ではなく，むしろ非機能的な構造の同一性によってこそ最も良く理解されるとした．たとえば彼は，キュビエが鳥類の飛行を助けるための形質として同定した叉骨が，魚類にも備わっていることを指摘している．両者において同等の役割を担っているとは考えられない以上，叉骨の存在は，

その機能・目的とは独立に説明されなければならないだろう．19世紀イギリスの代表的比較解剖学者リチャード・オーウェンは，異種生物間で共有されている非機能的構造を**ホモロジー**と名づけ[4]，そのような構造が生物種一般に広がっていることを，**型の一致**（Unity of Type）という原理によって表した（Owen 1849）．またオーウェンは，生物形態と人工物の非類似性を指摘することで，前述のリバースエンジニアリングの限界を先取りしている．人間は異なった用途の道具，たとえば海上を走る船と空を飛ぶ気球を作るにあたって，共通のプランを用いるよりも，むしろそれぞれの用途に合わせて別々の構造を発明するだろう．しかし脊椎動物において，海に暮らすジュゴンと空を舞うコウモリでは，共通の肢構造が採用されている．こうした一致を説明するにあたっては，目的論的な思考は無益である（*ibid.* pp.4-9）．

　機能偏重に対する批判は，今日，**適応主義**（adaptationism）あるいはパングロス主義批判という新たな装いのもとで論じられている．パングロスとは，ヴォルテールによる風刺喜劇『カンディード』に出てくる博士の名前である．パングロス博士は，あらゆるものには目的があり，その目的を満たすために神によって作られたのだと信じ込んでいる．たとえば，鼻が高いのは眼鏡をかけるためだ，というように．適応主義批判の先鋒，スティーブン・J・グールドとリチャード・ルウィントンによれば，現代の一部の進化生物学者は，神の創造に代えて自然選択説を信奉しているという違いこそあれ，あらゆる生物形質をその目的の観点から捉えようとしているという点で，パングロス博士と大差ない．彼らはもっぱら適応的な説明を捜し求めて，あらゆる形質に生物学的利点を見出そうと努めている．しかしながら，そうした盲目的な目的論的発見法の使用には大きな罠が隠されている（Gould & Lewontin 1979）．

　適応主義者が陥る罠とは，グールドらが**外適応**（exaptation）と呼ぶものの存在である（Gould 1983, chap.11）．ある目的のために選択されてきた形質，あるいは選択によってではなく単に発生の副産物として生じてきた形質が，新し

---

[4]　他方，機能が共通している構造は，アナロジーと呼ばれる．現在では，ホモロジーは同一祖先からの由来による構造の共通性，アナロジーは同類の選択圧によって形成された収斂進化を指して用いられるのが一般である．しかし反進化論者であったオーウェンの区別には，こうした歴史的な含意は含まれていない．

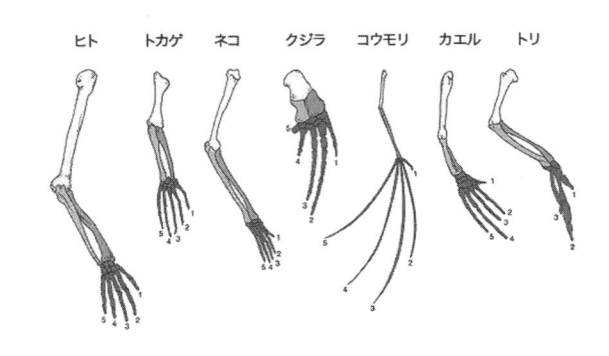

図3.3 ホモロジー
まったく違う生活環境・用途にも関わらず，脊椎動物の前肢には構成要素および構造上の一致が見られる．(Strickberger, M. W. (1990). *Evolution,* Jones & Bartlett より)

い他の目的に対して使用されるとき，それは外適応といわれる．たとえば，ブチハイエナのメスはペニス状に肥大したクリトリスを持ち，それを出会いの儀式で用いる．ここから，この特異的な構造はそうした特殊な目的のために進化してきたのだろうと考えられてきた．しかし別の可能性もある．グールドらによれば，これは他の進化的産物（攻撃性を高める雄性ホルモンの分泌）の副産物にすぎず，それがたまたま挨拶に転用されているだけかもしれない．その場合，それは挨拶に対する適応ではなく，外適応ということになる（これはちょうど眼鏡をかけるということが，我々の鼻の役に立つ特徴の一つではあるが，その機能ではないのと同様である）．しかし闇雲な発見法的目的論の適用はこうした可能性を見逃し，いわば適応の「擬陽性」を生み出してしまう．

　グールドらの仮説は，ブチハイエナのクリトリスの発生過程（それが雄性ホルモンの過多によって形成されること）に注目することから得られたものである．つまりこの事例によって彼らが強調しているのは，「何のためにあるのか」ではなく，「どのようにしてできるのか」と問うことによってこそ明らかになる生物学的事実が存在するということである．発生を考えることは，別の意味でも重要である．前節の始めで述べたように，自然選択は集団中に変異があって

3.5 「型の一致」と適応主義批判

初めて働く．つまり，ないものは選べない，ということだ．したがって自然選択によって何が生じ得るかを問う前に，まず発生によって何が可能なのかを考えねばならない．たとえば，我々が五本の指を持つのは，それが他と比べて有利だったからというよりも，手の形成プロセスからしてそれ以外の形状が発生しにくかったためかもしれない．このように，発生過程は自然選択の俎上に載る変異の幅を制限することによって，可能な適応のレンジを「制約」する．もしこうした**発生的制約**（developmental constraints）が一般的なのであれば，そもそも発見されるべき選択的説明はそれほど多くないということになり，よって発見法としての目的論の価値も制限されてくるだろう．

こうして適応主義の批判者たちは，目的論的な思考がときに進化生物学者を誤った道に引き入れ，また発生に関する重要な問いからその目を逸らせることにつながっていると主張する．しかしながら一方で，目的論的な思考が，逆に発生上の制約を発見する上で有用な役割を果たすという主張も存在する．たとえば，ある生息環境で暮らす生物種の形態が，その環境中において理想的だと我々が考えるデザインとは異なっていたとしよう．そのとき我々はその差異を見比べることで，その生物をして最善の形態をとることを妨げているような，発生あるいは遺伝上の制約についての手がかりを得ることができる（Maynard Smith 1987）．

発見法としての目的論に対する評価が論者によってまちまちであることの一因には，各評価者で重点を置く説明方法が異なるという事情がある．エリオット・ソーバーが指摘するように，生物学的な問いには二種類の答え方がある．一つは，形態がどのような因果的プロセスを経て生じるのかを発生的に説明すること，そしてもう一つは，なぜ一定の形態が残りそれ以外が廃れたのかを選択的に説明することである（Sober 1984, p.149）．目的論的な視点は，後者の仮説を作り出す際に強力な威力を発揮する．こうした理由から，デネットはリバースエンジニアリングを進化生物学の「中心的思考」と持ち上げたのであった．しかし一方でそれは，前者の問いには何ら答えを与えてくれない．むしろロン・アマンドソンが言うように，ダーウィンの巧妙さは，発生に関する知識抜きに生物形態を説明する手立てを考え出したことにある．自然選択による説明は，集団中に変異が存在するという事実から始まる，ということを今一度思い

起こされたい．つまりそれはさまざまな変異を前提し，その結果のみに着目することによって，発生過程をブラックボックス化すること（そしてその上で形態を説明すること）を可能にしたのである（Amundson 2005, pp.104-106）．生物形態の合目的性のみに注目し，リバースエンジニアリングによって選択仮説を量産する適応主義者は，変異はこのブラックボックスから無償で生み出されてくるものと決めてかかっている．そうだとすれば，発生過程に関心を向け，そもそもどのような形態が生じえるのかを探ろうとする者にとっては，度の過ぎた目的論的思考は無価値あるいは有害でしかないだろう．こうして，目的論の使用にまつわる議論は，生物のかたちを巡る二つのアプローチ間の相違に根ざしていると言えるのである[5]．

3.6 結語

18世紀の自然神学者ペイリーは，自然界は偶然とは思えないような技巧に満ち満ちていると驚嘆を込めて述べている．この点において，ペイリーは正しい．実際，生物界は合目的なデザインで溢れている．問題は，この合目的性をどう解釈するかである．本稿では，この問題に対し三つの角度から考察を加えてきた．それらに共通しているのは，生物学における目的論の使用は，機械論的な自然観に反するものではない，ということである．現代の生物学者は，生理学的な目的指向性に対してはフィードバックシステム，生態学的な適応に対しては自然選択説という仕方で，目的論的言明を機械論的説明へと「還元」する手立てを有している（あるいは少なくとも，それが可能だろうと確信している）．しかしそれは，そのことにより前者が科学的文脈から「消去」され，使われなくなるということを必ずしも意味しない．むしろ現代においても，それは複雑な生命の活動とその歴史に対する予測的使用，あるいは発見法的使用という形で，一定の役割を担っている．もちろん目的論のこうした使用には，有用性だけでなく，限界と弊害が伴う．しかしそうした欠点を正しく認識するためにも，そこで使われている目的論的思考の性質を正しく理解することが重要なのである．

---

[5] しかしこの相違は，二つのアプローチが相容れないということを意味するわけではもちろんない．実際，発生的説明と選択的説明の統合は，近年の進化発生生物学（Evo-Devo）の主要な関心事である．

引用文献

Amundson, R.（2005）*The Changing Role of the Embryo in Evolutionary Thought: Roots of Evo-Devo*, Cambridge University Press.
Cummins, R.（1975）"Functional Analysis", *The Journal of Philosophy* 72: 741-765.
Cuvier, G.（1836）*Le règne animal distribué d'après son organisation pour servir de base à l'histoire naturelle des animaux et d'introduction à l'anatomie comparée*, Hauman et Compe.
Dennett, D. C.（1987）*The Intentional Stance*, MIT Press.（「「志向姿勢」の哲学」（1996）若島正・河田学訳，白揚社）
Dennett, D. C.（1995）*Darwin's Dangerous Idea*, Simon & Schuster.（「ダーウィンの危険な思想」（2001）山口泰司監訳，青土社）
Driesch, H.（1914）*The History and Theory of Vitalism*, Macmillan.
Geoffroy Saint-Hilaire, E.（1818）*Philosophie anatomique*, Méquignon-Marvis.
Gould, S. J.（1983）*Hen's Teeth and Horse's Toes*, WW Norton & Co Inc.（「ニワトリの歯（上・下）」（1997）渡辺政隆・三中信宏訳，ハヤカワ文庫）
Gould, S. J. and Lewontin, R. C.（1979）"The Spandrels of San Marco and the Panglossian Paradigm: A Critique of the Adaptationist Programme", *Proceedings of the Royal Society of London, B* 205（1161）: 581-598.
Jacob, F.（1976）*The Logic of Life*, Princeton University Press.（「生命の論理」（1977）島原武・松井喜三訳，みすず書房）
Keller, E. F.（2000）*The Century of the Gene*, Harvard University Press.（「遺伝子の新世紀」（2001）長野敬・赤松眞紀訳，青土社）
Lenoir, T.（1982）*The Strategy of Life: Teleology and Mechanics in Nineteenth Century German*, Springer.
Maynard Smith, J.（1987）"How to Model Evolution", pp.119-131, J. Dupré（ed.）*The Latest on the Best*, MIT Press.
Mayr, E.（1989）*Toward a New Philosophy of Biology: Observations of an Evolutionist*, Harvard University Press.（「マイア進化論と生物哲学：一進化学者の思索」（1994）八杉貞雄・新妻昭夫訳，東京化学同人）
Millikan, R. G.（1984）*Language, Thought, and Other Biological Categories*, The MIT Press.
Owen, R.（1849）*On the Nature of Limbs*, Van Voorst.
Paley, W.（1802）*Natural Theology*, Oxford University Press.

Pittendrigh, C. S. (1958) "Adaptation, natural selection, and behavior", *Behavior and Evolution*, pp.390–416.

Rudwick, M. J. S. (1964) "The Inference of Function from Structure in Fossils", *The British Journal for the Philosophy of Science* 15(57): 27–40.

Ruse, M. (2000) "Teleology: yesterday, today, and tomorrow", *Studies in History and Philosophy of Biological and Biomedical Sciences* 31(1): 213–232.

Sober, E. (1984) *The Nature of Selection: Evolutionary Theory in Philosophical Focus*, University of Chicago Press.

Taylor, C. (1964) *The Explanation of Behaviour*, Routledge.

Waddington, C. H. (1957) *The Strategy of the Genes*, George Allen & Unwin Ltd.

Wiener, N., Rosenblueth, A. and Bigelow, J. (1943) "Behavior, purpose and teleology", *Philosophy of Science* 10(1): 18–24.

Wright, L. (1973) "Functions", *Philosophical Review* 82: 139–168.

第4章　進化論における確率概念

◆

森元良太

4.1　なぜ確率概念が問題になるのか

　進化論の描く世界とはどのようなものだろうか．進化論では，適応度という概念を用いて生物進化が表現される．適応度とは，生物がどれだけ長く生存し，どれだけ多くの子孫を産むかを定量的に示したものであり，確率的に定義される．そのため，生物進化を数学的に表すには確率概念が用いられる．では，この確率概念は進化現象を正しく表しているのだろうか．もしそうであれば，進化は非決定論的な現象だということになる．これは，実際の世界に不確定な要素があることを意味している．あるいはそうではなく，世界はほんとうのところ決定論的であるかもしれない．そうであれば，確率概念は現象をありのままに表現していないことになる．本章では，進化論における確率概念と進化現象との関係について検討する．
　世界が決定論的であるかどうかは古代ギリシャの時代から議論されてきた．そして近代以降，ニュートン力学の成功により，決定論的世界観が確証されたように思われた．ニュートン力学は，あらゆる物体が確定的に運動することを示している．たとえば，手に持ったボールをはなすと，そのボールは真下に落ちる．手からはなれた後のボールの運動は，空中に静止することや真上に飛んでいくことなど，論理的には無限の可能性がある．ところが実際には，その無限の可能性の中からただ一つの軌道しか描かない．そして，ニュートン力学を用いると，手からはなれた瞬間のボールの状態がわかれば，落下するただ一つの軌道を正確に計算することができるのである．天文学者で数学者のラプラスは，あらゆる物体の運動がニュートン力学によって確定的に記述できることか

ら，世界は決定論的であるということを明示した．その後，彼の示した決定論的世界観は広く普及した．彼の言葉を引用しておこう．

> われわれは，宇宙の現在の状態はそれに先立つ状態の結果であり，それ以後の状態の原因であると考えなければならない．ある知性が，与えられた時点において，自然を動かしているすべての力と自然を構成しているすべての存在物の各々の状況を知っているとし，さらにこれらの与えられた情報を分析する能力を持っているとしたならば，この知性は，同一の方程式のもとに宇宙のなかの最も大きな物体の運動も，また最も軽い原子の運動をも包摂せしめるであろう．この知性にとって不確かなものは何一つないであろうし，その目には未来も過去と同様に現存することであろう（Laplace 1814, p.4；邦訳 p.10）．

ラプラスによると，世界には不確定な要素は一切なく，すべての物体は決定論的に運動する．したがって，もし全知全能者のように完全な知識があれば，世界を記述するのに確率といった不確定的な概念は必要ない．ところが，私たち人間は完全な知識を持っていない．それゆえ，確率概念が必要になるのである．ラプラスはこのように，決定論的な世界観にもとづき，確率概念を私たち人間の無知の表明として解釈した．ちなみに，この全知全能者は「ラプラスの魔物」と呼ばれている．

しかしながら，量子力学の誕生により，決定論的世界観は大きく揺らぐことになった．量子力学は，肉眼で直接見ることのできないほど小さな対象の変化を扱う理論である．たとえば，一個の電子を壁に向けて発射させ，その電子が壁のどの位置に当たるのかを予測するとしよう．量子力学では，電子の当たる位置を一意的に計算することができない．できるのは確率的な予測である．このことは，発射される電子やその周囲の環境についてどんなに知識があったとしても変わらない．量子力学の誕生以降，量子力学における確率概念の解釈をめぐり多くの議論が繰り広げられてきた．量子力学の標準的な解釈によると，この確率概念は実在の世界を表しており，微視的な世界は非決定論的であるとされる[1]．それに対し，世界はほんとうのところ決定論的であり，量子力学における確率概念は世界の実在を表してない，と主張する者もいる．アインシュ

タインはその一人である．このように，確率をどう解釈するかによって，世界に対する理解は大きく変わるのである．したがって，世界を正確に理解したいのであれば，確率概念の正しい解釈が必要になってくる．ここでは量子力学の解釈問題にはこれ以上立ち入らない．だが，確率解釈が決定論の問題に大きくかかわることに注意すべきである．

　生物学に目を向けると，進化の数理モデルには確率概念が用いられている．では，なぜ進化論に確率概念が用いられているのだろうか．これが本章で扱う問題である．現代進化論の祖チャールズ・ダーウィンは，確率概念そのものについてではないが，チャンスという不確定な要素について次のように述べている．「ある一頭のオオカミの習性や構造に生得的変化がわずかに生じることによって，オオカミ自体が利益を得るとしたら，そのオオカミには生存して子孫を残す最善のチャンスがあるだろう」(Darwin 1964, p.91)．ここで，「生存して子孫を残す最善のチャンス」とは，現代風に言うと，個体の適応度である．適応度は，生物の生存と繁殖の期待値である．ここに確率概念がかかわってくるのである．では，なぜ確率概念が用いられているのだろうか．それは，世界が非決定論的であるからだろうか．それとも，私たちに十分な知識がないからだろうか．ダーウィンはチャンスについて別の箇所で次のように述べている．「私はこれまで，変異がチャンスによるものであるかのように述べることがあった．……これはもちろん，まったく不正確な表現であるが，個々の変異の原因について私たちが無知であることを率直に認めるには役立つだろう」(*ibid.* p.131)．ここで，ダーウィンはチャンスを私たちの無知の表明として理解しているようである．この言い回しは，ラプラスが明示した決定論的世界観にもとづく確率解釈と同じである．ダーウィンは，チャンスを世界に内在する客観的な要素としてではなく，人間の無知を反映した主観的なものとして解釈しているのである．この解釈は正しいのだろうか．それについては後でみることにする (4.2節)．

　ここで本章の流れを示しておこう．いま述べたように，ダーウィンは進化論

---

1) 量子力学の標準的解釈とはコペンハーゲン解釈のことである．コペンハーゲン解釈は，ボーアを筆頭に多くの人々が採用したものである．量子力学の解釈については，Redhead (1987) と Albert (1992) を参照せよ．

における不確定な要素を主観的に解釈した．この考えを進めると，進化論における確率概念は何を表すことになるのだろうか．4.2節では，そのような考えを徹底させた議論をみることにする．この論者はラプラスと同様に，完全な知識を持つ全知全能者を想定する．そして，そのような存在者の進化観がどのようなものであるかを論じる．4.3節では反対に，非決定論的な進化観を紹介する．非決定論者は，進化論と量子力学を関連させた議論を展開する．4.2節と4.3節での議論の対立は，物理学での確率解釈をめぐる対立構図に似たものとなっている．4.4節では，両陣営に対する批判を取り上げ，別の観点からの議論を紹介する．

4.2　決定論的世界観

　ダーウィンは，ラプラスと同じく，不確定な要素を人間の無知として主観的に解釈した．ラプラス的な観点からすると，進化現象はどのように映るのだろうか．アレクサンダー・ローゼンバーグ，バーバラ・L・ホーラン，レスリー・グレイブスは，ラプラスと同じく全知全能者を想定し，そのような存在者の観点から確率概念を検討している (Rosenberg 1988; Rosenberg 1994; Horan 1994; Graves, Horan and Rosenberg 1999)．この節では，彼らの議論を概観する．

　まずは，ローゼンバーグらが進化現象をどのように考えているかをみてみよう．彼らは実在の進化現象が決定論的であると考える．彼らによると，進化は，肉眼で直接観察できる巨視的な生物個体が変化する現象である．巨視的対象の変化は，ニュートン力学によって記述することができる．一般的に，ニュートン力学の描く世界は決定論的とされている．これはラプラスが普及させた考えである．したがって，ローゼンバーグらは進化を決定論的な現象と考える．もちろん，非決定論的な量子現象が巨視的な生物個体に影響を及ぼすことはありうるが，彼らはその効果がほとんどないと主張する．それゆえ，進化現象は近似的に決定論的ということになる．つまり，実在の世界では，生物がいつまで生存し，子孫を何個体残すかは決定しているのである．

　では，何が生物の生存と繁殖を決めるのだろうか．それは，生物の持つ遺伝子や形質，周囲の環境である．同じ環境に生息する生物について，もしそれら

の生物が同じ形質を持つのであれば，生存と繁殖の成功度は同じである．ここで，ローゼンバーグらはすべての生物の生存と繁殖の成功度が同じであるとは言ってないことに注意しよう．遺伝子が異なれば，生物がどれだけ長く生き続けるかは変わってくる．また，生息する環境が異なれば，子孫の数も異なることがある．つまり，ローゼンバーグらは生物の形質や生息環境に違いがあることを認めているのである．彼らが述べているのは，遺伝子や環境が異なれば生物の生存と繁殖に違いが生じるが，生存と繁殖の違いは遺伝子や環境によって一意的に決まる，ということである．そして，生物の遺伝子や形質の違いに作用するのが自然選択である．このように，ローゼンバーグらは自然選択による生物進化を決定論的だと考える．

　ところで，生物は自然選択だけでなく，遺伝的浮動によっても進化すると言われる．遺伝的浮動とは，有限の個体数から構成される集団において，繁殖時に配偶子がランダムに抽出される現象である．生物は繁殖時に多くの配偶子を作るが，次世代に寄与するのはその中のごく一部である．このとき，次世代の配偶子は現世代の配偶子からランダムに選ばれる．そのため，世代間で集団内の遺伝子頻度は変化する．遺伝的浮動の数理モデルでは，このランダム抽出が確率的に表現されるのである．

　では次に，遺伝的浮動についてローゼンバーグらがどのように考えるのかをみてみよう．通常，遺伝的浮動は配偶子のレベルだけでなく，個体レベルにおいても作用すると考えられる．ローゼンバーグは個体レベルで遺伝的浮動が作用するとされる二つの事例をあげる．一つは，密猟者による捕獲の例である．いま，生物学者がある草原に生息するキリンの集団を調査しているとする．この環境では，首の長いキリンが最も適している．生物学者は，自然選択が首の長いキリンに有利に働き，その集団において首の長いキリンの頻度が増加することを予測する．そこに密猟者がやって来て，生物学者に気づかれないように首の長いキリンだけを捕獲し，動物園に密輸したとする．すると，このキリン集団では首の長いキリンの数が減少し，首の短いキリンの頻度が増加することになる．このとき，生物学者は密猟者による捕獲の事実を知らない．つまり，この例では，生物学者は完全な情報を持っていないことが想定されている．ローゼンバーグは，生物学者が遺伝的浮動を説明に用いるのはこのような状況に

おいてであると述べる．生物学者は首の長いキリンの数が減少した理由を知らないので，この現象を自然選択によって説明することはできない．また，生物学者はこの現象によって自然選択説が反証されたとも考えない．残された選択肢は，遺伝的浮動による説明である．すなわち，生物学者は完全な情報を持っていないゆえに，遺伝的浮動を説明に用いるのである．

二つ目の事例は，まれな現象についてである．ふたたび，ある草原にキリンの集団が生息しているとしよう．そこに，二度と起こらないような珍しい風が吹き，キリンの餌である二本の高木が絡まったとする．そして，首の長いキリンの多くはこの木に首を引っ掛けて死んでしまったとする．この場合も，キリンの集団では首の長いキリンの頻度が減少することになる．このような想定のもとで，ローゼンバーグは次のように述べる．生物学者が「珍しい木と，その曲がった枝に引っ掛かった間抜けなキリンの頭骨とを一度も見ることがなければ，遺伝子頻度の変化を遺伝的浮動によるものとするのは，またもや認識論的である」(Rosenberg 1994, p.73)．ここでもローゼンバーグは，生物学者は情報が不足しているゆえに遺伝的浮動を説明に用いる，と主張する．

ローゼンバーグはこの二つの事例を一般化し，遺伝的浮動はフィクションにすぎないと主張する．全知全能者は，密猟者が首の長いキリンを捕獲したことや，首の長いキリンが枝に引っ掛かったことを知っている．つまり，長い首に不利な自然選択が働いていたのである．したがって，全知全能者の立場からすると，遺伝的浮動という概念は一切必要ない．遺伝的浮動はフィクションにすぎず，実際に生じる現象は自然選択なのである．しかしながら，私たち人間には知りうる情報とそれを処理する能力に限りがあるため，遺伝的浮動が説明上必要となる．これが，遺伝的浮動についてのローゼンバーグらの考えである．

このように，ローゼンバーグらにとって，遺伝的浮動のように思われる現象は実のところ自然選択であり，そしてその自然選択は決定論的な現象である．よって，実在の進化現象を決定論的と考えるのである．それでは，現象が決定論的であるにもかかわらず，それを表す理論になぜ確率概念が用いられるのだろうか．ここでも全知全能者が登場する．全知全能者は完全な知識を持っているので，生物がどのように進化するかを一意的に計算することができる．ところが，私たち人間は生物や環境の詳細について完全に知っているわけではない．

それゆえ，生物がどのように進化するかを一意的に記述することができない．すなわち，私たちは生物進化を確率的にしか予測できないのである．ローゼンバーグらによると，全知全能者は生物進化を記述するのに確率概念を一切必要としない．私たちが確率概念を必要とするのは，生物や環境についての十分な知識がないからである．したがって，進化論における確率概念は，私たち人間の知識の不十分さを表しているのである．これはまさに，ラプラス的な確率概念の無知解釈である．ローゼンバーグらは，進化現象は決定論的であり，進化論における確率概念は私たち人間が無知であるゆえに用いられる，と主張するのである．以上が，ローゼンバーグらによる決定論的な進化観である．

4.3 非決定論的世界観

前節では，ローゼンバーグらによる決定論的な進化観をみた．その進化観に対し，ロバート・ブランドンとスコット・カーソンは非決定論的な進化観を展開する (Brandon and Carson 1996; Brandon and Ramsey 2007)．彼らは二つの議論をおこなっており，それらは量子現象に依拠して展開されるものとそうでないもの[2]に分けることができる．本節では，これら二つの議論を概観する．

まずは，量子現象に依拠する議論からみてみよう．この議論の骨子は，量子レベルの非決定性が進化現象にまでしみ出すというものである．これは，「しみ出し議論 (percolation argument)」と呼ばれている．しみ出し議論では次のことが前提とされている．進化は DNA (デオキシリボ核酸) の一塩基が突然変異することによって生じる．いわゆる，点突然変異と呼ばれる現象である．DNA は化学物質なので，DNA の塩基配列の変化は化学変化である．化学変化は量子力学によって量子飛躍として記述することができる．以上が議論の前提である．ブランドンらは，これらの前提から，DNA の突然変異も量子力学によって記述できるということを導き出す．ところで，量子力学の標準的な解釈によると，量子現象は非決定論的である．ブランドンらは，量子力学の標準的な解釈であるコペンハーゲン解釈を採用することを明示している．それゆえ，

---

[2] ブランドンらは，後者の議論を「自律性議論 (autonomous argument)」と呼んでいる．ただし，この議論は量子力学に依拠していないが，関連はしている．

82　第4章　進化論における確率概念

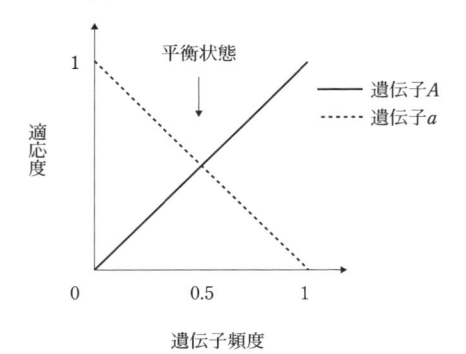

図4.1　遺伝子頻度と適応度の関係
(Brandon and Carson (1996), p.319の図を一部改変)

彼らはDNAの突然変異を非決定論的な現象として解釈するのである．これらのことから，ブランドンらは進化が非決定論的な現象であると結論づける．これがしみ出し議論の概要である．

　ブランドンらは，量子現象の非決定性が生物進化のレベルにまでしみ出すことを正当化するため，次の思考実験を提示する．ここで，一倍体[3]の個体だけから構成される集団を考え，その集団内の各個体はある特定の遺伝子座に対立遺伝子Aかaのいずれかを持つとする．また，この集団に対し，集団内で頻度の高い遺伝子に有利な自然選択が働いているとする[4]．いま，この集団において遺伝子Aと遺伝子aの頻度が同じであると仮定する．つまり，この集団は平衡状態にある（図4.1）．

　この状況で，集団内のある個体に突然変異が生じ，遺伝子aが遺伝子Aに変化したとする．すると，この集団では遺伝子Aの頻度が増加し，遺伝子aの頻度が減少することになる．この集団には頻度の高い遺伝子に有利な自然選択が働いているので，頻度の高い遺伝子Aを持つ個体は自然選択によってさらに頻度を増していく．そして最終的に，この集団では遺伝子Aを持つ個体

---

[3]　一倍体とは，染色体を一組持つ細胞あるいは個体のことである．それに対し，染色体を二組持つ個体は二倍体と呼ばれる．
[4]　これは頻度依存の自然選択と呼ばれるものである．この種の自然選択はチョウのベーツ擬態などに見られる（Ridley 2003, ch.5）．

だけが生き残ることになる．逆の場合も同様である．このような状況では，点突然変異が生じるだけで，集団内の遺伝子頻度は変化するようになる．ブランドンらはこの思考実験を，DNAの一塩基の突然変異が生物進化に影響を与えることの論拠とする．この思考実験の興味深い点は，微視的な点突然変異が巨視的な生物集団のレベルに影響を及ぼすことにある．また，この思考実験では，一個のDNA塩基の突然変異，すなわち点突然変異をもとに進化現象が考えられていることにも注意すべきである．

　デイヴィド・ステイモスは，これが単なる思考実験でないことを示すため，量子力学によって記述できる点突然変異の実例をあげる（Stamos 2000）．量子力学にはトンネル効果と呼ばれる現象がある．トンネル効果とは，粒子がその粒子の持つエネルギーよりも高いポテンシャルの壁を通り抜ける現象のことであり，量子効果の一つと考えられている．ちなみに，古典力学にしたがう巨視的な物体であれば，そのようなことは起こらない．ステイモスは，点突然変異がトンネル効果という量子現象を通じて起こることを示すのである．たとえば，アデニンというDNA塩基は通常チミンという別の塩基と二つの水素結合を形成し，三つの水素結合を形成するシトシンという塩基とは結びつかない．ところが，アデニンは互変変換することによってシトシンと結合することができる．互変変換とは，主に水素原子の結合位置が変化することで，二種類以上の構造異性体が互いに容易に変換する現象である．この互変変換は上述のトンネル効果によって生じる．すなわち，DNAの塩基配列の変化は原理的に量子力学によって記述できるのである．さらにステイモスは，互変変換による点突然変異が生物個体のレベルまで影響を与える事例を示す．ある遺伝子の一部がシトシン・グアニン・シトシン（CGC[5]）という塩基配列で並んでいるとする．この配列における二番目の塩基グアニンがアデニンに突然変異し，シトシン・アデニン・シトシン（CAC）という配列に互変変換すると，その塩基配列によって指定されるアミノ酸はヒスチジンからアルギニンに変わる．そして，この変化が生じると，タンパク質のレベルでは水酸化酵素が不足するようになり，表現型のレベルでは思春期の発達に障碍をもたらすことがある．これは，点突然変

---

[5] Cはシトシン（Cytosine），Gはグアニン（Guanine）の頭文字をとった略語である．また，後述のAとUはアデニン（Adenine）とウラシル（Uracil）の略語である．

異によって表現型が変化することを示す実例となっている．このように，ステイモスは微視的な点突然変異が巨視的な生物個体のレベルまで影響を及ぼす事例を提示し，ブランドンらを擁護する．以上がしみ出し議論である．そして，ブランドンとカーソン，ステイモスはこのことから，進化現象は非決定論的だと主張するのである．

　次に，遺伝的浮動についての議論をみてみよう．しみ出し議論では，量子現象の非決定性が生物個体のレベルまで影響を与えることが主張されたが，以下の議論では，量子現象とは独立に，遺伝的浮動が非決定論的であると主張される．まず，ブランドンらは壺から玉を抽出するという単純な現象と類比させて，遺伝的浮動を説明する．そこでは，繁殖時における配偶子の抽出が，玉の抽出と類似した現象であるという想定がなされている．この類比は遺伝的浮動の説明によく用いられるものである．ここで，壺の中に赤と黒の玉が同じ割合で合計1000個入っているとする．それぞれの玉は色だけが異なり，大きさや重さ，手触りなどは同じであるとする．また，壺の中身は外から見えないとする．いま，この壺の中から玉を10個取り出すとしよう．このとき，最も起こりやすい結果は，赤と黒が5個ずつ抽出されることである．しかし，赤が3個で黒が7個，または赤が8個で黒が2個抽出されるなど，他の結果になる可能性もある．このように，起こりうる結果は複数あり，実際にその中のどの結果になるかは確定的に予測できないのである．遺伝的浮動の場合も同様で，多くの配偶子の中からどの配偶子が次世代に遺伝するのかは一意的に決めることができない．ゆえに，ブランドンらは遺伝的浮動が非決定論的な現象だと主張する．

　ブランドンらはさらに議論を進める．彼らによると，量子力学が予測に成功するのは，粒子集団のレベルにおいてである．これは遺伝的浮動も同様である．浮動モデルは，個々の遺伝子や粒子についての一意的な予測はできないが，集団という適切なレベルでは確率的に予測できる．そしてブランドンらによると，浮動モデルは量子力学と同様，集団レベルにおいて成功した科学理論なのである．それゆえ，遺伝的浮動はそれ自体，非決定論的な現象である．以上が，ブランドンらが遺伝的浮動を非決定論的とする理由である．

　ここで，なぜ進化論に確率概念が用いられているのか，という問いに立ち戻ってみよう．ブランドンらは，実在する進化現象が非決定論的であるから，と

答える．量子力学の標準的な解釈と同様，進化論における確率概念も世界の非決定性を表すと主張するのである．これは確率概念の客観的な解釈であり，ローゼンバーグらとは反対の解答である．これが，非決定論的な進化観にもとづく確率解釈である．

表4.1　両陣営のまとめ

	模範理論	進化現象	確率概念
ローゼンバーグら	ニュートン力学	決定論的	人間の知識の欠如（主観的）
ブランドンら	量子力学	非決定論的	現象の非決定性（客観的）

4.4　不可知論と一般化

4.2節と4.3節では，ローゼンバーグらとブランドンらの議論を紹介した．両陣営は，①進化現象が決定論的であるかどうか，および②遺伝的浮動がフィクションにすぎないかどうかについて意見を異にしていた．本節では，これら二つの問題について両陣営の議論を検討したうえで，別の観点から考察を加える．

まずは，①進化現象が決定論的かどうかについてである．ローゼンバーグらは進化現象を決定論的，ブランドンらは非決定論的と考えており，両陣営は対立しているように思われる．ここでの争点は，非決定論的な量子現象が巨視的な進化のレベルまでしみ出すかどうかにある．ローゼンバーグらは，しみ出しが非常にまれにしか生じないことを論拠にブランドンらを批判する．それについて，ローゼンバーグらは四つの理由をあげる．一つは，点突然変異が突然変異の中で最小の単位だという理由である．点突然変異とはDNAの一塩基が変化する現象であるが，突然変異にはそのほかに，逆位や挿入と呼ばれるものなどいくつか種類がある．逆位とは，ある長さのDNA断片が180度回転することで，別の塩基配列に変化する現象である．挿入とは，DNAの塩基配列の途中に別のDNA断片が付加し，塩基配列が変わる現象である．点突然変異はこのような突然変異の中で最小の単位であり，ほかの突然変異に比べると生物集団に与える効果は小さい．

二つ目の理由は，遺伝暗号が冗長だというものである．遺伝暗号とは，塩基配列とアミノ酸との対応関係を示す暗号である．この暗号では，コドンと呼ばれる三塩基の配列によって一つのアミノ酸が指定される．コドンを構成する塩基は4種類なので，コドンの組合せは64通りとなる．それに対し，アミノ酸は20種類しかない．そのため，コドンの塩基配列が異なるにもかかわらず，同じアミノ酸を指定する場合があり，遺伝暗号は冗長なものとなっている（これを遺伝暗号の縮重という）．たとえば，アデニン・シトシン・ウラシル（ACU），アデニン・シトシン・シトシン（ACC），アデニン・シトシン・アデニン（ACA），アデニン・シトシン・グアニン（ACG）という塩基配列はすべてレオトニンという同じアミノ酸を指定する．そのため，一つの塩基を変化させる点突然変異が生じたとしても，生成されるアミノ酸は変わらないことがある．ゆえに，ローゼンバーグらは点突然変異がアミノ酸の置換に与える効果は小さいと考えるのである．

　三つ目の理由は，アミノ酸置換が生じたとしても，タンパク質に与える効果は小さいというものである．タンパク質は多くのアミノ酸から構成される．タンパク質の中には，共通祖先から由来するために種間で類似したものがあり，それは相同タンパク質と呼ばれる．そのようなタンパク質では，点突然変異によって塩基配列が変化しても，タンパク質の機能はほとんど変わらない．このことから，ローゼンバーグらは点突然変異の効果は小さいとする．

　四つ目の理由は，復帰突然変異によって点突然変異の効果が相殺されうるというものである．復帰突然変異とは，突然変異したDNA塩基が再び突然変異を起こし，もとの塩基に戻る現象である．これが生じると，点突然変異の効果は打ち消されるのである．以上の理由から，ローゼンバーグらは，点突然変異による量子現象の効果が生物進化のレベルにしみ出すことはほとんどないと主張するのである．

　このように，ローゼンバーグらは経験的事例を用いてブランドンらを批判する．ここで注意すべきは，ローゼンバーグらはしみ出しが生じうることを認めている点である．ロバータ・ミルスタインは，両陣営の対立はしみ出しが生じる頻度についてであると指摘する（Millstein 2003）．ローゼンバーグらはしみ出しがほとんど生じないとし，それに対し，ブランドンらは十分に生じうると

4.4 不可知論と一般化

する．いずれの陣営もしみ出しが生じることは認めているのである．対立点は，しみ出しが生じる頻度である．しみ出しの頻度に関して，ミルスタインはローゼンバーグらに賛同し，ほとんど生じないと述べる．彼女はその理由として，突然変異が自然選択や遺伝的浮動などに比べて進化に及ぼす効果が小さいことをあげる．また，点突然変異が突然変異の一部にすぎないことも理由にあげている．ただし彼女は，しみ出しの頻度が実際にどの程度であるかは今後の生物学の研究成果によるとしており，それゆえ，進化現象が決定論的かどうかについて現時点では不可知の立場をとるべきだと主張するのである．

　微視的な非決定性が巨視的な進化現象にどの程度しみ出すかは，経験的な問題であるだろう．それを示すために，生物学の経験的事例を示すことは有効かもしれない．だが，量子力学の標準的な解釈によると，非決定論的な現象は微視的世界に限られ，巨視的な世界は決定論的であるとする．なぜなら，巨視的対象は電子などの微視的対象に比べて質量がはるかに大きいため，巨視的対象には非決定性の効果がほとんどないからである．これは，ブランドンらの量子力学の解釈が整合的でないことを意味している．つまり，彼らは微視的現象については伝統的なコペンハーゲン解釈を採用する一方で，巨視的現象についてはコペンハーゲン解釈と異なる態度をとるのである．ブランドンらが巨視的現象も非決定論的であると主張するには，量子力学に対してコペンハーゲン解釈とは異なる，新しい解釈を提案する必要がある．これは非常にリスクの高い方策であろう．

　では，どのように考えればよいのだろうか．注意すべきは，いま問題となっているのは進化現象が決定論的かどうかであり，物理現象についてではないことである．進化論では，生存と繁殖の有利さの度合いにもとづき，生物の生存を予測したり遡言したりする．進化現象が決定論的であるなら，完全な知識を持つ全知全能者は生物の変化を一意的に予測できるはずである．ここでは典型例として，生存に有利でも不利でもない対象の変化について一意的な予測ができるかどうかを考えてみよう[6]．すなわち，遺伝的浮動は非決定論的な現象なのだろうか．

---

[6] 森元（2007）は，進化論と量子力学では扱う対象だけでなく性質も異なることを論じ，進化論が量子力学から自律していると主張する．

そこで次に，②遺伝的浮動がフィクションかどうかについて検討することにする．ローゼンバーグは，遺伝的浮動が単なるフィクションであり，実際に生じているのは自然選択であると主張する．したがって，もし私たちに完全な知識があれば，通常遺伝的浮動で説明されている現象は自然選択によって説明でき，遺伝的浮動という概念は消去することができる．それに対しブランドンらは，遺伝的浮動による説明は消去できないと考える．では，遺伝的浮動の概念は消去可能なのだろうか．ミルスタインは，ローゼンバーグらに対していくつかの批判をおこなっている（Millstein 1996）．ここでは，その中から二つの批判を検討する．

最初に，ローゼンバーグのあげた事例から検討してみよう．ミルスタインによると，ローゼンバーグの事例はいずれも遺伝的浮動ではない．一つ目の例では，首の長いキリンは動物園で人気があったゆえに密猟者に捕獲された．二つ目の例では，首の長いキリンはその長さゆえに枝に引っ掛かった．いずれの事例も，長い首に対して不利な自然選択が働いており，遺伝的浮動の現象ではない．ローゼンバーグ自身も二つ目の事例について次のように述べている．すべての事実を知る人は，「短期間に環境が変化したことで長い首は適応的でなくなり，したがって自然選択によって遺伝子頻度が変化したと言うだろう」（1994, p.73）．このように，ローゼンバーグも二つ目の事例が自然選択の現象であることを認めている．ミルスタインはこれを踏まえて批判を続ける．「浮動以外の事例から議論をはじめ，すべての事実を知っているなら浮動の概念は必要ないだろうと結論づけたとしても，多くを証明していない．……ローゼンバーグは自然選択の明瞭な事例ではなく，遺伝的浮動の明瞭な事例を考察する必要がある．そうすることによってはじめて，全知全能者の観点から浮動の必要性に関する結論を引き出せるのである」（1996, p.S12）．つまり，ローゼンバーグは浮動がフィクションだと主張したいのであれば，実際に浮動とされている事例を使って議論しなければならないのである．これがミルスタインの一つ目の批判である．

二つ目の批判に移ろう．ミルスタインは，ローゼンバーグの議論を進めると，遺伝的浮動だけでなく自然選択の概念も消去されてしまうと批判する．彼女は，ローゼンバーグの再反論を見越して次のように述べる．「ローゼンバーグであ

4.4 不可知論と一般化

れば，全知全能者は配偶子抽出の出来事の詳細をすべて知っていると論じるだろう．したがって，全知全能者が自然選択によってその特定の現象を説明できないとしても，無作為抽出を構成する過程を詳しく述べることでその現象を説明するだろう．このことは，全知全能者の立場からすると遺伝的浮動が消去できることを示唆している」(*ibid.* p.S17)．これは，ミルスタインが予測したローゼンバーグの再反論である．そのうえで，ミルスタインは批判を続ける．彼女によると，ラプラスの魔物のような全知全能者は，自然選択の過程も，それを構成する個々の生物個体のふるまいによって詳細に説明できるはずである．すなわち，遺伝的浮動が生物個体の素過程から説明できるのであれば，自然選択の現象にも同様の説明が可能なはずである．したがって，「浮動が消去可能であるなら，自然選択も同様に消去可能なのである」(*ibid.* p.S17)．このように，ローゼンバーグの議論をさらに進めると，遺伝的浮動の概念は自然選択に消去されるどころか，自然選択自体も消去されることになってしまうのである．これは，遺伝的浮動の概念が自然選択に消去されるというローゼンバーグの考えとは異なる．以上がミルスタインの批判である[7]．

ミルスタインが批判するように，ローゼンバーグの用いた事例は遺伝的浮動ではない．ローゼンバーグは，遺伝的浮動とされる一般的な事例を使用すべきだろう．また，たとえそのような事例を用いたとしても，ミルスタインが述べるように，彼の議論を突詰めると，遺伝的浮動だけでなく，自然選択の概念も消去されてしまうのかもしれない．しかし，遺伝的浮動だけでなく自然選択も消去されてしまうのであれば，進化現象はそもそも存在しないことになってしまう．というのも，ローゼンバーグにとって自然選択こそが本当の進化現象だからである．進化現象と呼ばれるものはフィクションにすぎないのだろうか．その答えは，進化が個体レベルの現象であるのか，あるいは集団レベルの現象であるのかによって変わってくる．ローゼンバーグは進化を個体レベルの現象と考える．ローゼンバーグは熱力学と進化論を対比させ，次のように述べる．「熱力学の学者は個々の粒子に関心を持つことができないのに対し，進化生物学者は個々の個体の運命に関心を持たなければならない」(1994, p.64)．熱力学

---

[7] 森元（2008）は，ミルスタインの批判を発展させ，遺伝的浮動が消去できないことを論じる．

は温度や圧力の関係を表す理論であり，温度や圧力は個々の粒子でなく粒子集団の性質である．それに対し，ローゼンバーグによると，進化論は熱力学と異なり個々の個体を扱う理論である．このことが，ローゼンバーグの議論の前提になっている．

　一方，エリオット・ソーバーは，進化論では生物集団についての一般化がなされていると主張する（Sober 1984）．生物個体はそれぞれ物理的には異なっている．だが，諸個体の特性を一般化することによって，多くの異なる現象に共通する点を統合することができる．進化論はそのような一般化をおこなっているのである．ソーバーによると，「適応度〔という概念〕が有意義なのは，一つの集団における複数の個体を記述するときである．だが，それよりも有意義であるのは，シマウマ集団やゴキブリ集団〔といった複数の異なる集団〕に共通する点を述べるときである」（p.126）．適応度という確率的な概念が有益なのは，生物個体を個別に記述することにとどまらないからである．進化論は集団の共通点を一般化するゆえに有益なのである．そして，進化論に確率概念が用いられるのは，物理的に異なる複数の個体が共通に持つ特徴を明らかにするためである．ソーバーによると，ラプラスの魔物はこのような集団レベルの一般化を見落としているのである[8]．

　ソーバーは集団レベルの一般化による有益性に訴える．そして，その受益者は全知全能者ではなく，私たち人間であるとする．一方，ローゼンバーグは全知全能者を想定し，実在の進化現象について議論をおこなう．マルセル・ウェーバー（Weber 2001）はこれについて次のことを指摘する．すなわち，ソーバーとローゼンバーグは，確率概念が進化論に不可欠であるという点には同意しているが，その理由については意見を異にしている．ソーバーは，進化論に確率概念が原理上不可欠であるとしているのに対し，ローゼンバーグは，私たちの認識的な制約上不可欠であるとしているのである．そのうえでウェーバーは，「進化論における確率概念を考える方法で最も有益なのは集団の観点からである」（p.S223）ことを示唆する．これはソーバーと同じ考えである．そして，ウェーバーはローゼンバーグを次のように批判する．たとえローゼンバーグの主

---

[8] マイアは，ダーウィンが集団を基礎とする考え方を生物学に導入したと述べる．マイアはこの考え方を「集団的思考（population thinking）」と呼んだ（Mayr 1959）．

張が正しく，私たちの認識的制約のために複雑な現象を完全に説明できないとしても，そのことは，進化論が一切何も表現していないということを意味するわけではない，と．

確かに，進化論は進化現象を余すところなく完全に説明することはできないだろう．だが，ウェーバーの述べるように，私たち人間に認識的な制約があるという理由だけでは，進化論が何も表現していないことにはならない．ここで，ローゼンバーグらがブランドンらのしみ出し議論を批判するときにあげた，遺伝暗号の縮重を思い出そう．すなわち，DNA の塩基配列が異なるにもかかわらず，同じアミノ酸を指定する現象である．たとえば，アデニン・シトシン・ウラシル（ACU）とアデニン・シトシン・シトシン（ACC）は同じアミノ酸を指定する．そのため，これら二つのコドンは同じタンパク質，さらには同じ形質を作り出す．形質が同じであれば，生存と繁殖の能力に違いをもたらさないので，それらの形質は同じ適応度を持つのである．このようなコドンは同義コドンと呼ばれる．同義コドンの存在は，私たち人間の認知的制約によるものではない．むしろ，生物学の研究によって見つけ出された新しい知見である．そして，そのような同じ適応度を持つ対象に対しては，遺伝的浮動が作用する．これは，遺伝的浮動がフィクションではなく，進化現象のある側面を捉えていることを意味するのである．

さて，進化現象が決定論的かどうかという問題に戻ろう．先に注意したように，問題は進化現象についてであり，物理現象についてではない．適応度は生物の生存や繁殖の度合いを表すものであり，物理的な性質ではない．というのも，物理学は基本的に生物の生成と消滅を扱わないからである．それゆえ，同義コドンの適応度が同じであることは，物理学に関する事柄ではない．このことは，ラプラスの魔物が物理学に関して完全な知識を持っていたとしても，見落としてしまう事実が存在することを示している．また，ある生物個体の質量やエネルギーなどの物理的性質は，その対象自体を詳細に調べればわかるが，その生物の生存と繁殖の有利さについては，その個体をいくら詳細に調べてもわからない．それは，たとえその生物に関する完全な知識があったとしても同じである．生物の適応度は，複数の生物と比較することではじめて知ることができるのである．ソーバーは，進化論は集団レベルの現象を一般化していると

第4章　進化論における確率概念

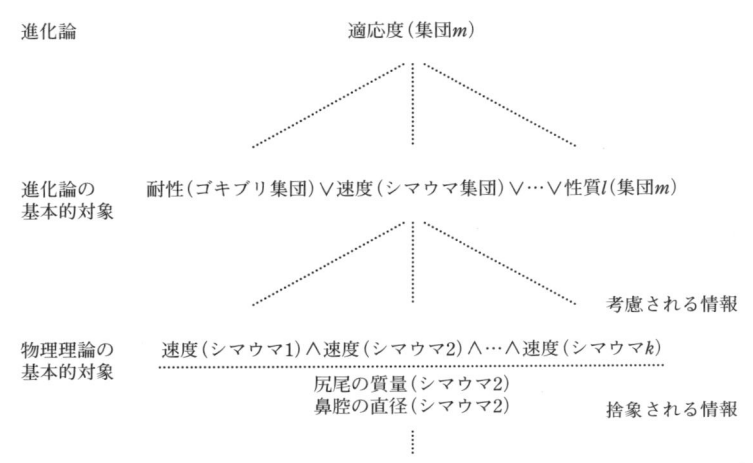

```
進化論                    適応度（集団m）
                              △
                        ┌─────┴─────┐
進化論の        耐性（ゴキブリ集団）∨速度（シマウマ集団）∨…∨性質l（集団m）
基本的対象                    △
                        ┌─────┴─────┐
                                              考慮される情報
物理理論の      速度（シマウマ1）∧速度（シマウマ2）∧…∧速度（シマウマk）
基本的対象    ─────────────────────────────────────
                    尻尾の質量（シマウマ2）
                    鼻腔の直径（シマウマ2）        捨象される情報
                              ⋮
```

図4.2　進化論，進化論の基本的対象，および物理理論の基本的対象の関係を表した図である．進化論の基本的対象となる集団mは個体kの集まりで構成され，その集団における各個体は同じ性質を持つ．たとえば，シマウマ集団は複数のシマウマ個体から構成され，各シマウマ個体はある範囲内の最高速度で走るという同じ性質を持つ．このとき，あるシマウマ個体には様々な性質があるが，進化論ではそのなかの一部の情報（たとえば速度）だけが考慮され，それ以外の情報（鼻腔の直径など）は捨象される．また，適応度は，ゴキブリの殺虫剤への耐性やシマウマの最高速度といった複数の性質lによって実現することができる．

述べ，ラプラスの魔物はそのような一般化を見落としてしまうと述べた．進化論は，ソーバーが述べるように，複数の生物個体に共通する特徴を一般化したものであろう．だが，その一般化をおこなうには，生物個体に関するさまざまな情報を捨象しなければならない．進化論ではすべての情報が考慮されるわけではないのである（図4.2）．

　ニュートン力学や量子力学では，物体の位置やエネルギーなどの情報が増えると，それにともない記述や予測の精度は上がるが，進化論はそうではない．進化論では情報が増えたとしても，その情報は取捨選択されるため，予測の精度につながるとは限らないのである．それゆえ，進化論は現象を完全には説明できない．ラプラスは全知全能者という架空の存在者を想定し，決定論的な世界観を提示した．そして，その決定論の定式化には，現象に関する完全な知識

が条件となっていた．ところが，進化論はその条件を満たしていない．したがって，進化論は現象が決定論かどうかについて何も述べていない．しかし，このことを悲観的に捉える必要はない．というのも，進化論はさまざまな情報をあえて無視することで，集団レベルの変化を説明できるからである．これは，ブランドンらのしみ出し議論とは異なり，進化モデルが低次のレベルの情報を積み上げて説明しているわけではないことを示している．むしろ，進化論は集団に関する情報を抽象することにより，物理学では説明できない現象を扱うことができる．このような一般化こそ進化論の重要な特徴であり，そのために確率概念が用いられるのである．

引用文献

Albert, D. (1992) *Quantum Mechanics and Experience*, Harvard Univ. Press.（「量子力学の基本原理」(1997) 高橋真理子訳，日本評論社）
Brandon, R. and Carson, S. (1996) "The Indeterministic Character of Evolutionary Theory: No 'No Hidden Variable Proof' but No Room for Determinism Either", *Philosophy of Science* 63: 315-337.
Brandon, R. and Ramsey, G. (2007) "What's Wrong with the Emergentist Statistical Interpretation of Natural Selection and Random Drift?", *The Cambridge Companion to the Philosophy of Biology*, Cambridge University Press, pp.66-84.
Darwin, C. (1859) *The Origin of Species*, Harvard University Press, 1964.
Graves, L., Horan, B. and Rosenberg, A. (1999) "Is Indeterminism the Source of the Statistical Character of Evolutionary Theory", *Philosophy of Science* 66: 140-157.
Horan, B. (1994) "The Statistical Character of Evolutionary Theory", *Philosophy of Science* 61: 76-95.
Laplace, P. (1814) *Essai Philosophique sur les Probabilités*, Paris, Courcier.（「確率の哲学的試論」(1997) 内井惣七訳，岩波書店）
Mayr, E. (1959) "Typological versus Population Thinking", *Evolution and Anthropology: A Centennial Appraisal*, The Anthropological Society of Washington, pp.409-412.

Millstein, R (1996) "Random Drift and the Omniscient Viewpoint", *Philosophy of Science* 63 (Proceedings): S10-S18.

Millstein, R. (2003) "How Not to Argue for the Indeterminism of Evolution: A Look at Two Recent Attempts to Settle the Issue", *Determinism in Physics and Biology*, Mentis, pp.91-107.

Morimoto, R. (2008) "Information Theory and Natural Selection", *Annals of Japan Association for Philosophy of Science* 16: 57-73.

Morimoto, R. and Nishiwaki, Y. (2006) "Probabilistic Reasoning in Evolutionary Theory", *Reasoning and Cognition Interdisciplinary Conference Series on Reasoning Studies* 2: 181-185.

Redhead, M. (1987) *Incompleteness, Nonlocality, and Realism*, Oxford University Press.(「不完全性・非局所性・実在主義」(1997) 石垣壽郎訳, みすず書房)

Ridley, M. (2003) *Evolution*, Blackwell Science.

Rosenberg, A. (1988) "Is the Theory of Natural Selection a Statistical Theory?", *Canadian Journal of Philosophy* (*Suppl.*) 14: 187-207.

Rosenberg, A. (1994) *Instrumental Biology, or The Disunity of Science*, The University of Chicago Press.

Sober, E. (1984) *The Nature of Selection*, The MIT Press.

Stamos, D. (2000) "Quantum Indeterminism and Evolutionary Biology", *Philosophy of Science* 68: 164-184.

Weber, M. (2001) "Determinism, Realism, and Probability in Evolutionary Theory", *Philosophy of Science* 68: S213-S224.

森元良太 (2007)「進化論の還元可能性」, 科学哲学 40: 15-27.

森元良太 (2008)「遺伝的浮動はフィクションか」, *Nagoya Journal of Philosophy* 7: 17-34.

第5章　理論間還元と機能主義

◆

太田紘史

　科学哲学では長らく還元と還元主義を巡る論争がなされてきた．その中心的な話題は，基礎科学とされる物理学に，それ以外の科学を還元することができるかどうかというものだ．しばしば問題になるのは，心理学理論が生物学理論（とりわけ神経生物学的な理論）に還元可能であるか，そして，生物学理論が物理学理論（物理・化学的な理論）に還元可能であるかという問題だ．本稿は5.1節で理論間還元の基本的なモデルを紹介し，5.2節で還元の主張に抵抗する多重実現と機能主義の考えを概観する．5.3節では理論間還元と多重実現の関わりを巡る論争を見る．5.4節では理論間還元と機能主義の関わりについての論争を見るとともに，私の考えを簡単に追加することにしよう．

5.1　理論間還元モデル

ネーゲルの古典的還元モデル

　理論間還元に関する論争は，論理実証主義に属するアーネスト・ネーゲルの理論間還元モデル（いわゆる**古典的還元モデル**）に端を発する（Nagel 1961）．このモデルでは，ある理論が別の理論に還元されることは，前者が後者から論理的に導かれることだ．
　このモデルが当てはまるとされる事例は，古典熱力学の統計力学への還元だ．古典熱力学における気体法則は，気体の体積，温度，圧力のあいだの巨視的な関係を捉える．これに対して統計力学は，分子集団の振舞いによって気体を特徴づける．古典熱力学というマクロレベルの理論が，統計力学というミクロレベルの理論に還元されたとすると，それは古典熱力学が統計力学から導かれる

からである．ただし，古典熱力学の「温度」という語は統計力学には含まれないので，統計力学だけからは古典熱力学を導くことができない．古典熱力学を導くためには，

> 「気体が温度Tをもつのは，それが平均分子運動エネルギーEをもつときであり，またそのときに限る」

という記述を統計力学に追加しなければならず，これは省略して

> 「気体が温度Tをもつ ⇔ 気体が平均分子運動エネルギーEをもつ」

と表現される．このような形で「温度」（古典熱力学固有の語）と「平均分子運動エネルギー」（統計力学固有の語）を接続することによって（この形式を「双条件」という），熱力学の気体法則を統計力学から導くことができる．

　この種の還元関係をうまくとらえるとされるのが，ネーゲルの古典的還元モデルだ．それによれば，理論間の関係が還元と言えるのは，一方の理論（**還元理論 T_1**）から他方の理論（**被還元理論 T_2**）が論理的に**導出**されるときである．ただし，もし T_1 に含まれない語が T_2 に含まれているときは，T_1 から T_2 を導出することはできない．このようなケースでは（そしてこのようなケースが通例なのだが），その T_2 固有の語と T_1 固有の語を，双条件の形式で接続する必要がある．そのような双条件言明は，「橋渡し法則」(bridge laws) や「橋渡し原理」(bridge principles) と呼ばれる．**橋渡し法則 B** が適切に構築されれば，T_1 と B から T_2 を導出することが可能になる．このモデルによれば，統計力学が還元理論 T_1，熱力学が被還元理論 T_2，上記の双条件の記述が橋渡し法則 B ということになる．この還元モデルの要点は次の通りだ．

古典的還元モデル：
還元理論 T_1 が被還元理論 T_2 の還元において，
①T_1 と T_2 の間に橋渡し法則 B が構築され，
②T_1 と B から T_2 が導出される．

　ネーゲルが属した論理実証主義という学派は，科学理論を一種の言語とみなす．これに沿ってネーゲルは，理論間の関係を言語間の関係と類比的に捉えた．

5.1 理論間還元モデル

すなわち，科学理論の間の還元関係は，言語の間の翻訳と類比的に考えられたのである．ある理論から他の理論を導くための橋渡し法則は，ある言語を他の言語に翻訳するための翻訳規則に対応する．それゆえネーゲルのモデルで理解される古典的還元は，翻訳的還元と呼ばれることもある．

この還元モデルは，統一科学という考えを形式化するものとされた．このモデルによれば，物理学は生物学を導出するという意味において生物学を自身へと還元し，生物学は心理学を導出するという意味において心理学を自身へと還元するはずである．このような理論間還元が，物理学，化学，生物学，心理学，社会科学のそれぞれの間で成立すれば，すべての科学理論は物理学理論へと還元されることになり，科学の体系的な統一が達成されると見込まれた．

概念的不整合

古典的還元モデルに沿った還元主張によれば，橋渡し法則を通じて理論が関係づけられることで還元が実行され，科学理論の統一が達成される．しかしポール・ファイヤアーベントは，現実の科学理論の間で生じる**概念的不整合**を指摘した（Feyerabend 1962）．

還元主義者にとっては，古典熱力学は統計力学に還元されたと言いたいところだが，古典熱力学では温度はカルノーサイクルの振舞いによって特徴づけられるのに対して，古典熱力学を還元したとされる統計力学では温度が分子運動エネルギーで特徴づけられる．すると，ファイヤアーベントによれば，それら古典熱力学の「温度」と統計力学の「温度」は，たとえ言語表現のうえでは「温度」として同じように記述されていても，異なる概念を捉えている．このように，古典熱力学の語る「温度」と統計力学が語るようになった「温度」が異なる概念を捉える語であるとすると，先ほどのような橋渡し法則の言明は一見構築不可能に思われる．もしくは，たとえ先ほどの橋渡し法則のような仕方で「温度」と「分子運動エネルギー」の二つの語が接続されようとも，それは古典熱力学の「温度」を統計力学の「分子運動エネルギー」に接続するのではなく，統計力学の「温度」を統計力学の「分子運動エネルギー」と接続するにすぎない．そうだとすると，実質的な理論間の接続がないように思われるのだ．

シャフナーの一般還元－置換モデル

こうした概念的不整合の問題に対処するために，ケネス・シャフナーは，**理論置換**と**総合的同一性**の考えを導入することで，古典的還元モデルを修正した (Schaffner 1967). いくつかの改訂を経て，そのモデルは Schaffner (1993) において完成する（図5.1）.

このモデルでは，還元理論 T_1 は，被還元理論 T_2 そのものを導出する必要はない. T_1 が導出するものは，T_2 に類似した理論 T_2^* である. そして，T_2 は T_2^* によって置換される. このモデルでは，二つの還元が区別されている. それは第一に，レベル間の理論導出としての還元（T_1 による T_2^* の導出）であり，そして第二に，レベル内の理論置換としての還元（T_2^* による T_2 の置換）である. ここでは，より基礎的な理論（たとえば古典熱力学）が低レベル（より基礎的なレベル），そうでない理論（たとえば統計力学）が高レベル（非基礎的なレベル）として理解されている.

こうすることでシャフナーは，理論間の導出という古典的還元モデルの制約を弱め，概念的不整合のある理論間関係をも還元として扱うことができるようにする. たとえば古典熱力学の還元では，統計力学は古典熱力学そのものを導出しないかもしれないが（なぜならすでに述べた通り，統計力学の語「温度」は古典熱力学の語「温度」と概念的に異なるからだ），シャフナーのモデルでは，そのような導出は還元にとって必要ではない. あくまでも古典熱力学に類似した理論が統計力学によって導出され，さらに，その導出された理論が古典熱力学の修正版として，旧式の古典熱力学を置換すればよいからだ.

さらにもしもうまくいけば，還元理論 T_1 は被還元理論 T_2 を，導出するという意味でも還元できるかもしれない. 概念不整合で問題になったのは，理論間で異なる概念を接続することができないことだったが，シャフナーは，橋渡し**法則**を**総合的同一性言明**（synthetic identity statement）とすることで，この問題を回避する. 総合的な同一性とは，二つの語で表現されるものが概念的に異なっていても，指示対象としては同一であることだ（たとえば，「明けの明星」と「宵の明星」という二つの語の概念は異なるが，指示対象（金星）は同じである）. シャフナーによれば，橋渡し法則に現れる語は，概念的に異なっていても，指示対象が同じであればよい. このような橋渡し法則 B が構築されるとすれば，

5.1 理論間還元モデル　99

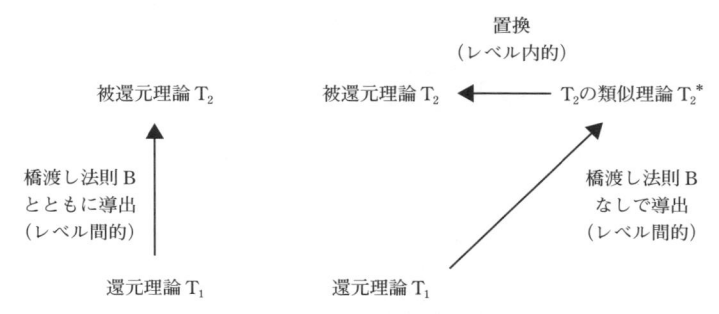

```
                              置換
                           (レベル内的)
   被還元理論 T₂       被還元理論 T₂  ←────  T₂の類似理論 T₂*
       ↑                                  ↗
  橋渡し法則 B                         橋渡し法則 B
  とともに導出                          なしで導出
  (レベル間的)                        (レベル間的)
       │                             ╱
   還元理論 T₁           還元理論 T₁
```

図5.1　ネーゲルの古典的還元モデルを包摂するシャフナーの一般還元ー置換モデル
還元理論 T_1 は橋渡し法則 B とともに還元理論 T_2 を導出するか（左），もしくは B が構築不可能であるときには被還元理論 T_1 に類似した理論 T_2^*（この T_2^* は T_2 を置換する）を導出する（右）．

それは T_1 と T_2 の間で構築されるはずであり，こうして T_1 と B は T_2 を導出する．これは，T_1 が T_2 を修正する必要のない事例であり，まさにネーゲルの古典的還元関係に他ならない．

　このモデルは，レベル間導出とレベル内置換という還元の二つの機能を捉えつつ，さらに古典的還元関係をその特殊事例として含むような，包括的な還元モデルであることがわかる．シャフナーはこれを**一般還元ー置換モデル**（General Reduction-Replacement Model; 以下では **GRR モデル**）と名付ける（Schaffner 1993）．要するに GRR モデルは，次のような特徴づけでもって理論間還元を分析する（ただし Schaffner (1993) は実際には，より複雑な形式化を提案している）．

　　一般還元ー置換モデル（GRRモデル）：
　　還元理論 T_1 による被還元理論 T_2 の還元において，
　　①T_1 と T_2 の間の橋渡し法則 B が構築可能であれば，T_1 と B により T_2 が導出される．
　　または
　　②B が構築不可能であれば，T_1 により，T_2 と同じレベルの理論 T_2^* がレベル間的に導出され，T_2^* により T_2 がレベル内的に置換される．

シャフナーのGRRモデルとネーゲルの古典的還元モデルの重要な差異は，次の二点だ．第一に，古典的還元モデルでは理論間関係がレベル間的なものとされたが，これに対してGRRモデルは，レベル間的な還元関係（導出）とレベル内的な還元関係（置換）とを区別する．第二に，それは総合的同一性を導入する．これは，ネーゲルが展開した古典的還元モデルとは対照的に，橋渡し法則Bにおいて現れる語の指示対象の同一性を要求する点で，存在論的な要求をなすことになる．

5.2 多重実現可能性と機能主義

心理学における多重実現可能性

科学哲学での還元にまつわる議論は，最初は心理学の還元可能性についてなされた．生物学の還元を巡る議論はそれを輸入して始まったので，まずは前者を先に理解しておかなければならない．そこで中心となる論争点は，ヒラリー・パトナムとジェリー・フォーダーが先鞭をつけた，**多重実現可能性** (multiple realizability) である．

パトナムが批判の対象とするのは，当時主流だった，いわゆる心脳同一説（心を物理的なものと同一視しようとする立場）である (Putnam 1967)．パトナムによれば，たとえば痛みといった心的な性質は，異なる物理的性質により実現可能であるという．確かに，痛みを有するのはヒトだけではないように思われる．ヒトを含めた霊長類，そしてそれだけではなく，それよりも原始的とされる神経系を備えた様々な生物が，おそらく痛みを有するだろう．痛みを何らかの物理的性質と同一視したいのなら，全生物の痛みに例外なく共通する物理的性質を同定しなくてはならないが，これは法外な要求に思われる．さらに問題になりそうなのは，そもそも地球外の生物や無機素材から構成されるロボット（いずれも仮想事例であるものの）が痛みを有することを認めるのならば，もはやこれらすべてに共通するような物理的基盤などはないだろう．痛みという心的性質をもつ個々の状態は，もちろん何らかの物理的基盤により実現されているものの，それらの基盤すべてに共通し，そしてそれらだけが有するような物理的な性質はないように思われる．

フォーダーは，同様の議論によって心理学の神経科学への還元の不可能性を主張した（Fodor 1974）．この主張が批判の対象とするのが，ネーゲルの古典的還元モデルである[1]．心理学によって，心的性質 P_1 と P_2 を関連づける次のような法則的言明（たとえば因果法則言明）が構築されたとしよう．

「x が P_1 を有するならば，x は P_2 を有する」

これを神経科学に還元するためには，神経科学が記述する脳の物理的性質 N_1 と N_2 を互いに関連づける神経科学の法則的言明

「x が N_1 を有するならば，x は N_2 を有する」

に加えて，それら心的性質と脳の物理的性質を接続する，次のような橋渡し法則

「x が P_1 を有する $\Leftrightarrow$ x が N_1 を有する」
「x が P_2 を有する $\Leftrightarrow$ x が N_2 を有する」

が構築されなければならない．しかし，多重実現可能性を考慮に入れると，橋渡し法則は

「x が P_1 を有する $\Leftrightarrow$ x が N_{11} または N_{12} または…を有する」
「x が P_2 を有する $\Leftrightarrow$ x が N_{21} または N_{22} または…を有する」

という，「または」（選言）を含むものに崩壊する．（古典的還元モデルが意味するような）還元の成功のためには，このことは神経科学に対してどのような法則的言明を要求するだろうか．当然ながら，

「x が N_{11} または N_{12} または…を有する $\Rightarrow$ x が N_{21} または N_{22} または…を有する」

という，やはり選言的な言明が構築されなければならない（図5.2）．そして，

---

[1] 実際には，Fodor（1974）が名指しで批判するのは Oppenheim & Putnam（1958）なのだが，むしろその議論は，Nagel（1961）の古典的還元モデルに沿った還元主張への批判と見なすほうがよいだろう．

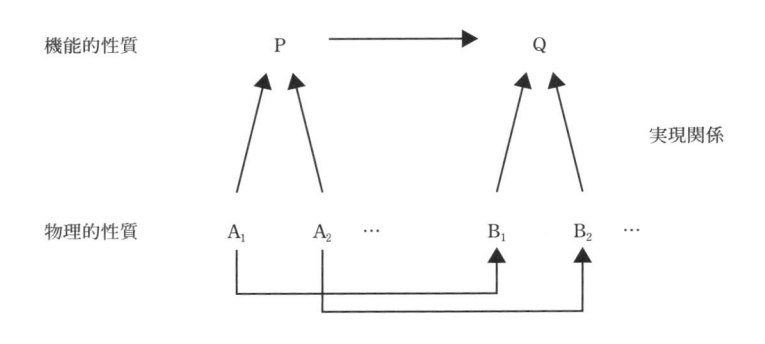

図5.2 多重実現可能性
被還元理論(生物学理論)の法則は,機能的性質Pと Qを互いに(たとえば因果関係によって)関係づける. 還元理論(物理学理論)の法則は,物理的性質A_1と B_1,A_2とB_2を関係づける.機能的性質は物理的性質 によって多重実現されうる.Fodor (1974)より改変.

(図中ラベル:被還元理論における法則的関係,機能的性質,P,Q,実現関係,物理的性質,A_1,A_2,B_1,B_2,還元理論における法則的関係)

これは法則ではないのだ.

　真である一般言明がすべて法則であるわけではない.法則は,人間の恣意的な認識ではなく,自然界の構造や性質に対応づけられていなくてはならない.たとえば,「142グラムである,または,赤色である」という性質について考えてみよう.これは,自然界の実在に基礎を持つ性質と呼べるだろうか?「142グラムである」という性質や,「赤色である」という性質なら,そのようなものとして受け容れることはできるかもしれない.しかし,「142グラムである,または赤色である」という性質は,「142グラムである」という性質と「赤色である」という性質を,人間が恣意的にグループ化したもののようにしか思われない.このような恣意的なグループ化ではなく,自然界に区分をもつ単位は,**自然種**(natural kind)と呼ばれる.N_1が自然種の性質であり「N_1を有する」

は自然種を表す述語であるとしても，N_{11}またはN_{12}または……が自然種の性質であり，「N_{11}またはN_{12}または……を有する」が自然種の述語であると主張するのは難しい．そして，そのような恣意的にグループ化された性質が，たとえ一般言明によって関連づけられたとしても，それは法則と呼ぶには値しない．

こうしてフォーダーによれば，多重実現可能性により，理論間での性質同一性を主張する法則的言明が得られなくなる．そうだとすると，橋渡し法則は構築できない（橋渡し法則は，たとえば温度という性質を温度以外の性質と接続しなければならない，ということを思い出されたい）．すると残された可能性としては，せいぜい理論間で，個別事例ごとについての同一性言明が得られるにすぎない．一方の理論（還元理論 T_1）に性質を関係づける法則群があり，他方の理論（被還元理論 T_2）にも性質を関係づける法則群がある．T_1からT_2を導出するためには，T_1の性質とT_2の性質を同一視する言明（橋渡し法則 B）が必要である．しかし多重実現可能性により，そのような言明が得られなくなり，個別事例についての一群の同一性言明しか手に入らなくなる．こうなると，もはやT_1からT_2を導出することができない．なぜなら，個別事例の言明をいくらかき集めても，一般言明の論理的な導出には貢献しないからだ．こうして多重実現可能性のゆえに，導出という意味での理論間還元は失敗することになる．

生物学における多重実現可能性

パトナムとフォーダーが提案したのは，心理学的対象と生物学的対象の間の多重実現可能性だが，後に類似した議論が生物学的対象と物理学的対象の間についても盛んに論じられることになる．それを最初に論じたとされるのはデイヴィド・ハルであり，その後フィリップ・キッチャーによってさらに徹底した仕方で論じられる（Hull 1972; Kitcher 1984）．その議論のなかでも最も影響力の大きいものが，遺伝子の多重実現可能性を根拠に，分子遺伝学による古典遺伝学の還元不可能性を主張する議論である．

遺伝子概念は古典遺伝学で初めて登場したものであり，後に分子遺伝学において遺伝子の物理的基盤として DNA が同定された．通常，特定の遺伝子は特定の DNA 配列と同一視されることが多い．しかし，古典遺伝学は分子遺伝学に還元されたと言いたいのであれば，古典遺伝学に特有の語「遺伝子」と分子

遺伝学の語を双条件の形式で接続する橋渡し法則が構築されることを示さなければならない（ここでは，「遺伝子」という語でもって古典遺伝学の法則に従う存在物を意味していることに注意されたい）．すなわち，

　　　「xは遺伝子である ⇔ xはMである」

という形式の橋渡し法則が構築されなければならない．では，Mとして何が候補になるだろうか．最初に思い付きそうなものは，タンパク質の一次構造をコードするDNAの転写単位である．しかし，古典遺伝学において遺伝子としての資格を持つのは，そのような転写単位だけではない．非コード性RNAを指定するDNAや，転写を調節する制御配列，そして一部のウイルスにおけるRNAも，世代を通じて伝達し表現型に影響する限り——すなわち古典遺伝学の法則に従う限り——，（古典遺伝学の言う）遺伝子としての身分を完全に有する．すると，橋渡し法則として，

　　　「xは遺伝子である ⇔ xはM_1またはM_2または…である」

という選言形式の言明だけが得られることになる．こうして，先ほど見たのと同じ種類の問題，多重実現可能性がもたらす問題が生じ，古典遺伝学の分子遺伝学への還元不可能性が帰結するとされた．

　さらなる指摘を付け加えておこう．上記の言明では，一体どのような範囲の分子群が遺伝子の基盤としてまとめあげられるのだろうか．それは，それらが遺伝子としての機能を果たすからに他ならない．すなわち，その橋渡し法則の正体は，

　　　「xは遺伝子である ⇔ xは遺伝子として機能するような分子である」

という言明だ．ここで我々は，橋渡し法則において還元理論の要素を組織化する際に，被還元理論の概念をその組織化の根拠にするという循環に陥っている．

機能主義と自律性

　このように，生物学理論は物理学理論とは異なり，生物学的対象に特有の機能的な性質を扱う（たとえば遺伝子として機能するという性質）．また，心理学理

論は生物学理論と異なり，その対象特有の機能的な性質を扱う．ここで機能的とされる性質は，何らかの関係論的な観点から特徴づけられるような性質であり，還元にかかわる文脈においてそれは通常，**因果役割機能**（causal role function）として実質化される．すなわち，一連の状態や要素が他とどのように因果的に相互作用するかという視点から，その性質が同定される．機能的性質は，それが何を・する・かという観点から規定されるものであって，それが何でで・き・て・い・るかという観点から規定されるものではない．すなわち，機能的性質はそれがどのような物理的性質で実現されるかを問わない．それゆえ，機能的性質は様々な物理的基盤によって実現可能なのであり，そうであるがゆえに，物理的性質と機能的性質の同一性を要求する橋渡し法則の構築が阻害される．

　実際心理学は，認知状態を個別化する際に，因果的役割（たとえば作業記憶中の情報は互いに干渉する）の観点を採用する．心理学が機能主義の実践に他ならないという哲学的視点は，フォーダーのいわゆる古典的計算主義を出発点としている（その背景は認知科学の展開であることは言うまでもない．Fodor 1975）．このように，心理学的状態は機能的状態として個別化されるとする考えは，**機能主義**（functionalism）と呼ばれており，心理学に対する哲学的視点としての主要な立場の一つである．

　このような機能主義の考え方は，生物学の哲学に輸入される．実際生物学は，生物の状態や要素を個別化する際，それがどのような因果的役割を果たすか（たとえば心臓が血液を循環させる機能を持つ）といった観点を採用するので，生物学も心理学と同様の機能主義的な科学と考えることができる．

　これら機能的科学は，それ独自の理論化を可能にするがゆえに，それを還元すると目されていた科学理論からの**自律性**（autonomy）を保つとしばしば主張される．論理実証主義の枠組みでは，基礎科学たる物理学は，個別科学である他の諸科学，すなわち生物学や心理学を還元するはずであった．しかし，それら個別科学は実際には，それらの対象の性質を機能的に特徴づけ個別化することで異質な物理的構成を束ねるような一般言明を構築し，橋渡し法則を介した還元を不可能にするとともに，その自律性を維持するとされる．

　こうして生物学の哲学において，反還元主義，多重実現可能性，機能主義の三つの考えは，しばしば互いに手を組むことになる．

5.3　論争と展開(1)　多重実現再考

多重実現可能性は還元を妨げるのか？

　多重実現可能性は，理論間還元に対する主要な障害として認識されてきたが，これに関する見直しがなされつつあり，それは安泰なテーゼではなくなりつつある．還元主義に与する以下の論者の狙いは，多重実現と還元が両立する事例を示すことで，多重実現可能性に基づいた還元不可能性の主張に反論することである．

　クリフォード・フッカー，ベレント・エンチ，パトリシア・チャーチランドは，多重実現可能性に直面しても還元は可能であり，還元はドメインに相対的なものであることを指摘する（Hooker 1981; Enç 1983; Churchland 1986）．実際，古典熱力学と統計力学の間の還元も，あくまでも古典熱力学が扱う気体という特定の対象領域において起こったのだという．たとえば，気体温度は平均分子運動エネルギーと接続され，固体温度は最大分子運動エネルギーと接続された．一般的に言えば，ある性質Pが基盤S_1とS_2によって多重実現可能であることが判明したら，性質PがP_1とP_2に分割されたうえで還元が起こる（P_1はS_1と，P_2はS_2に対応づけられる）．このように多重実現が見出されたとしても，それは解消される運命にあるという．

　またジョン・ビックルは，そもそも多重実現可能性が分割すら介さずに還元を結果する事例を指摘する（Bickle 1998）．たとえば，古典熱力学は統計力学に還元されたが，それでも多重実現可能性は全面的に生じていたという．ある気体温度を実現する分子運動エネルギーを有する当の気体分子が，どのような元素（の組み合わせ）で構成されるかは不問である．すなわち，気体温度と分子的性質の間で，多重実現は実際に起こっていたにもかかわらず，それはまったく還元を妨げていないのだ．

　さらにローレンス・シャピロは，多重実現の典型例とみなされてきた状況すら否定する（Shapiro 2000）．彼はまず，多重実現と呼ぶべき状況とそうでない状況を，基盤の因果的性質の観点から区別する．たとえば，コルク抜きが赤色の素材でできているか，それとも青色の素材でできているかは，コルク抜きの

多重実現を保証するだろうか．それはいかなる有意義な意味でも——特にコルク抜きが発揮する能力の還元に関しては——多重実現ではない．彼によればむしろ，あるコルク抜きが様々な仕方で実現されていると我々が言いたくなるのは，その能力の因果的基盤が異質であるような状況においてである．すると，多重実現可能性の典型例とされる状況は，意外な正体を現す．ニューロンの集合たる脳が，（脳の能力を果たす点において）ニューロンと同じ因果的役割を果たすようなシリコンチップで置換可能だとしても，ある心理学的状態と，ニューロン脳やシリコン脳などの物理的状態の間には，実は多重実現と呼ぶべきものは存在しない．それは，脳内の全ニューロンについてその因果的役割が変わらないようにしつつ（たとえば）色だけを変化させても，心理学的状態の多重実現の一例とはならないことと同じである．このようなシャピロの指摘を受け容れるならば，ロボットを引き合いに出しつつ最初に多重実現可能性を指摘したパトナムの議論は，還元に対して有意義な主張を含意するものではなく，実は我々の直観を一時的に汲み出す以上のものではない．では，たとえばニューロンのシリコンチップへの置換は多重実現ではなかったとして，真正の多重実現においては，還元について有意義な主張を含意するだろうか．シャピロの答えはノーである．なぜなら彼によれば，因果的基盤が異質である限り，それらが実現する性質は異質であるため，多重実現される性質はやはり複数の異質な性質の集合でしかないということになる．

多重実現は実際に起こっているのか？

ウイリアム・ベクテルとジェニファー・マンデールは，実際の神経科学と心理学の間で，本当に多重実現が起こっているのかを疑う（Bechtel & Mundale 1999）．

第一に，実際の神経科学が扱う脳状態は，生物種を越えて個別化されるのである．実際，様々な哺乳類の間での神経構造の共通性が，神経解剖学的な脳領野のマッピングに貢献してきたという歴史的事実がある．なかでもヒトとそれ以外の霊長類との相同性は，今でも神経解剖学にとって重要な指標である．第二に，脳構造の分析は，しばしば心理学的タスクと組み合わせることによってなされてきた．ここでは神経系の物理学的特性ではなく，むしろその機能的特

性が脳状態の個別化に貢献している．第三に，たとえばヒトの脳構造の個体差は当然あるものの，各個体のイメージングデータは，まず基準となる脳構造図に沿って標準化されたうえで，心理学的タスクが反映する心理学的機能が特定部域に局在化される．こうして，脳構造の個体差は理論化のうえでは解消されるという．

これらが事実だとすると，その多重実現可能性は再考を迫られる．なぜなら，心理学理論と神経科学理論の間でタキソノミーが一対一に対応しうるからだ．

多重実現可能性から還元不可能性を論じる者の基本的想定は，機能的に個別化される心理学的性質が，物理的に個別化される神経状態によって多重実現可能であるというものだ．ここには，心理学的性質の同定は神経状態の同定と異なるレベルの仕事であるので，前者だけが特異的に機能的性質に訴えるものであり，後者は機能的性質に訴えはしないという暗黙の想定がある．しかし彼らの指摘によれば，このような想定は疑わしい．神経科学は単なる物理学や化学の部分集合ではなく，むしろ心理学と同様の機能的科学である．そして脳構造の機能的な個別化は，両科学の性質のタキソノミーが一致しうることを示しているという．

さらに彼らによれば，そもそもこのような心理学と神経科学という二つの機能的科学のタキソノミーが一致するかどうかは，分析のきめの細かさに相対的である．哲学者達が論じる多重実現可能性の事例においては，心理学的性質が粗く個別化されるのに対して，神経状態が細かく個別化される．しかし心理学的性質をより細かく個別化することも可能であり（これは上記のタイプ分割と同様の方針だろう），もしくは神経状態をより粗く個別化することも可能である（これは神経状態を機能的に個別化できるがゆえに可能である）．そして実際，心理学と神経科学は同じ細かさで性質を個別化しており，そのおかげで（たとえば）脳機能マッピングにおいて心理学的性質と神経構造の対応が成功するのだという．そして彼らは，このような現実の心理学と神経科学の相互発展は，心理学と神経科学の間で多重実現が否定されているがゆえに可能なのだと主張する．

これに対してケニス・アイザワとカール・ジレットは，多重実現と機能的科学の自律性を分断することで多重実現を救おうとする（Aizawa & Gillett, forthcoming).ベクテルとマンデールを筆頭に，多重実現を否定する論者はしばしば，多重実現が機能的科学の自律性を含意することを想定する．そしてそのうえで，その自律性が現実には成立していないという事実から多重実現を否定しにかかる．だがアイザワとジレットはその想定を疑う．機能的科学は因果的効力によって性質を分析・分類するが，この因果的効力は，その実現基盤の因果的効力を越えるものであってはならない．たとえば水の性質は，それを構成する分子集合がもつ因果的効力を越えるものであってはならない．これと同様に，ある心理学的な状態の機能は，その神経基盤がもつ因果的効力を越えるものであってはならない．すると，仮にある種の心理学的な状態が多重実現するとしても，その生物学的な実現基盤（たとえ多様であったとしても）がすでに同定されていれば，その実現基盤がもつ因果的効力を越えない範囲でのみ，その心理学的な状態についての機能的な仮説（それがどのような機能的特性をもつか）が立てられることになる．つまり，機能的科学の仮説は実装レベルの科学によって制約され，機能的科学の自律性は多重実現によって含意されない．それゆえ，仮に機能的科学の自律性が否定されたところで，多重実現という事実自体が否定されることはないとアイザワとジレットは主張する．

5.4 論争と展開(2) 機能主義再考

科学理論の共時的関係と通時的関係

　反還元主義と機能主義を是認する論者は，理論間の多重実現を起点として，機能的科学の自律性を主張してきた．だが先ほど見たとおり，多重実現は必ずしも機能的科学の自律性を含意しないかもしれない．何人かの論者は，機能的科学の自律性の代案として**理論共進化**（theoretical co-evolution）を主張する．理論共進化とは，ウイリアム・ウィムザットが最初に提案したものであり，二つの理論が互いの発見法として貢献しつつ，ともに理論構築を制約しながら発展することである（Wimsatt 1976）．この考えは，チャーチランドやロバート・マコーレイといった論者によってさらに発展させられた．

　チャーチランドの考えによれば，理論共進化は隣接する二つの科学理論の間で生じ，それらの理論は概念リソースを相互に導入しながら発展する

(Churchland 1986).そして最終的に二つの理論が整合的であるときには,一方の理論が他方の理論によって還元され(ネーゲル流の導出的な還元関係の成立),もしくはそれらが不整合であるときには,一方の理論が他方の理論によって消去されることになる(シャフナーのモデルにおける置換).この還元と消去のシナリオは連続的である.なぜなら,二つの理論の間で不整合な点が多ければ一方の理論が消去されるだろうが,そのような不整合な点が比較的少なければ,一方の理論が部分的な修正を被ることで済むだろうからだ.このように還元と消去を連続化したモデルは**還元ー消去連続体**(reduction-elimination continuum)と呼ばれる.

　このモデルで重要なのは,理論間関係が通時的に展開するという点である.この点は還元を巡る議論を複雑化させる.なぜなら基本的にそれまでの還元論争が,ある時点における理論の導出可能性を巡るものであったのに対して,ここでは科学理論の通時的な発展についての考察が導入されているからだ.

　この通時的関係と共時的関係の区別を明確化したのが,マコーレイだ(McCauley 1986, 1996).彼は,チャーチランドの「還元か消去か」というシナリオに対して,**共時的**(synchronic)な理論間関係と**通時的**(diachronic)な理論間関係を混同しているとして批判する.チャーチランドの消去の概念は,ファイヤアーベントやトマス・クーンらに由来する科学革命の概念に他ならない(Feyerabend 1962; Kuhn 1970).そして,科学革命は通時的な理論間関係である.この洞察をもとに,マコーレイは消去概念と還元概念を位置づけ直そうとする.それによれば,レベル内において旧理論と新理論が整合的であるときには,その関係は漸次的な理論発展(「進化」(evolution))そのものであり,不整合であるときには旧理論の新理論による消去ないし置換(「革命」(revolution))を帰結する.対して,レベル間的な理論間関係においては,異なるレベル(ミクロレベルとマクロレベル)に属する二つの理論は,整合的であるときには古典的還元として捉えられる関係(「ミクロ還元」)を帰結し,そうでないときには各々の科学的説明リソースの維持(「説明多元論」)を帰結する.この考えに沿えば,レベル間の共時的理論間関係であるはずのミクロ還元と,レベル内の通時的理論間関係であるはずの置換が連続化されるはずがない.そして機能的科学と実装レベルの科学は,レベル間の共時的関係にあるのだから,それらが迎

える帰結には，一方の理論の消去というオプションが存在しないのだ．

これらの論者は，二つの理論レベルがあり，一方は機能的性質を同定する理論であり，他方はその実装となる物理的性質を同定する理論であるという前提で議論を進めている．だが，そもそも機能的レベルと実装レベルのうち，一方でなければ他方であるという二元的な区分は，現実の科学においてどれほどもっともらしいのだろうか．心理学は，その実装レベルの理論として生物学を有する．では，生物学は物理学のサブセットなのだろうか．心理学が機能的レベルにあるのに対し生物学が実装レベルにあるという意味で，それらが異なるレベルにあるとみなすのならば，むしろ我々は次のようにも言えるはずである——生物学が機能的レベルにあるのに対して物理学が実装レベルにあるがゆえに，それらは異なるレベルにある．そうだとすると，還元論争において前提とされていた基本的な図式（まず機能的レベルと実装レベルの二つにおいて理論が完成され，その後に還元が帰結する）は，見直されなければならないかもしれない．そして次に見る通り，レベルの多元性を考慮に入れた科学観は不可能ではないのだ．

機能主義の変容 —— サブホムンクルスの探求

機能主義とは本来，ある対象の性質や状態を機能的に個別化する立場であった．機能的に個別化することとは，その物理的基盤の性質ではなく，因果役割によって個別化することである．しかし個別化のレベルは，機能的なレベルと物理的なレベルの二つに尽きるという想定は根拠が薄い．むしろ先ほど見たように，機能的な個別化は，心理学だけではなく神経科学を含めた生物学においても可能なのである．すると我々は，科学的分析のレベルというものをどのように捉え直したらよいのだろうか．

この点を実際の生物学と心理学の構造に沿った形で明確化しようとする考えが，ベクテルらが提案する**機械論的分解**（mechanistic decomposition）である（Bechtel & Abrahamsen 2005; Bechtel 2009; Machamer, Darden & Craver 2000; Wimsatt 1976）．彼らは，科学理論を法則的一般言明の集合とみなす論理実証主義的な理論観に代えて，現実の生物学，神経科学，心理学を，一群の機械論的分解の実践であるとみなす．

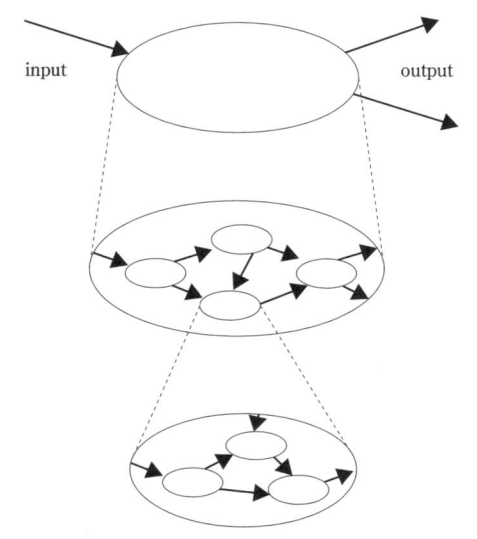

図5.3　機械論的分解
あるシステムの入出力上の振舞いは，その内部過程に一群の作動要素を措定することで説明される．作動要素の振舞いは，再び内部過程に作動要素を措定することで説明される．Bechtel（1994）より改変．

　それによれば，あるシステムの行動を理解するには，それを要素へと分解しなければならない．ただし，その分解や分解されて得られる要素は何であってもよいわけではない．たとえば，単にシステムを構成する元素組成を明らかにすることは，必ずしもシステムの行動を理解することに貢献せず，これは機械論的分解とは呼べない．むしろシステムは作動要素（operating parts）へと分解されなければならない．システムの振舞いは，要素の一群が適切に時間的・空間的に組織化されることで実現される．作動要素の個別化とは，まさにそのような組織化のもとにある要素を個別化することに他ならない．こうして機械論的分解では，システムの行動のレベルと一群の作動要素のレベルという二つのレベルが手に入る（図5.3）．このとき作動要素レベルの記述には，システムレベルの記述とは異なる語彙が用いられなければならない．たとえば，（比較的上位のレベルにおいて）好気呼吸はグルコースを二酸化炭素へと異化するの

に対して，（比較的下位のレベルにおいて）好気呼吸の要素たる特定の酵素は各々の反応を触媒する．

機械論的分解は，繰り返し適用可能である．あるシステムを分解して得られた作動要素を，今度はそれ自体を一つのシステムと見なして機械論的に分解することも可能である．こうして，レベルは説明対象となるシステムに相対的に規定され，そのようなレベルは科学的説明関心とともに次々に「下って」行くことができるのだ．

このような種類の理論化は最初からレベル間的である．それは，（古典的還元モデルやGRRモデルが求めるような）レベル間の体系的な導出関係を伴わないものの，それはレベルを下ることで説明を与えるという点で，還元的である．だが同時に，機械論的分解は高レベル科学における説明を必ずしも不要とするわけではないという点で，高レベル科学の自律性を守ろうとする．なぜなら，そもそもそのシステムがその環境において何をしているのかを同定し記述することは，そのシステムを機械論的に分解することで与えられる説明とは独立の認識行為だからだ．

こうした機械論的分解の考えは，ダニエル・デネットやウイリアム・ライカンが提唱する**ホムンクルス機能主義**（homuncular functionalism）と一致する（Dennett 1978 Ch. 5, 9; Lycan 1987 Ch. 4, 5）．デネットによれば，システムの振舞いを説明するには，それをより低い能力のサブシステムへと繰り返し分解し，単純な物理的記述に包摂されるものにまでレベルを下ればよい．だがこれはあたかも，システムの内部にその責任者を探し出すという，「ホムンクルス」の探求であるかのようだ．

私が物を見てそれに反応できるのは，視覚情報が身体から脳に伝えられて，それから身体に運動指令が送られるからだ．では，脳はどうやってそれをこなすのだろうか．脳内にさらなる中枢Cがあり，それに視覚情報が伝えられて，それから身体に運動指令が送られるのだろうか．ならば，Cはどうやってそれをこなすのだろうか．Cの内部にさらなる中枢C′が存在するのだろうか．では，C′はどうやってそれをこなすのだろうか．こういう発想を採用すると，我々はすぐさま無限後退に陥る．このように措定される悪名高い中枢内中枢はホムンクルスと呼ばれる．

しかし機械論的分解は実際には，この種のホムンクルスを探究する試みではない．もしも我々が，システムと同じ能力を有するものを内部に措定するならば，確実に無限後退が生じるだろう．だが分解において措定されるのは，そのシステムと同じ能力をもったホムンクルスではなく，各々がより低い能力しかもたないような，一群のサブホムンクルスである．それらサブホムンクルスは，そのシステムの能力を全員で集合的に実現する．このようなサブホムンクルスを探究するのであれば，分解を繰り返すたびに，より単純な能力をもった存在者が得られ，より低レベルの科学の説明で事足りるようになる．そして，いずれ単純な物理的記述によって包摂される一群の存在者が手に入るだろう．そこには，同じレベルの説明が繰り返し要求されるような無限後退はない．

　ライカンは，このようなデネットの考えをさらに進めて，自然が機能的なものと構造的なものの二つのレベルに区分されるという考えを批判する．ライカンは，機能的な特徴づけと構造的な特徴づけの差異を，抽象の度合いの差異とみなし，それらの間に連続性を認める．機能的な特徴づけの一方の端には心的なものが位置づけられ，構造的な特徴づけの一方の端にはミクロ物理学的なものが位置づけられる．生物学的な特徴づけは（たとえば「ニューロン」という表現ですら），構造的な語（ある種の細胞形態を指示する語）としても理解できれば，機能的な語（電気化学的伝達の役割を支持する語）としても理解できるという．

　このようなホムンクルス機能主義は，ベクテルの言う機械論的分解に一致する．そこでは，システムの行動がそれよりも単純な一群の作動要素（サブホムンクルス）の組織化によって説明されるのであり，このような分解は繰り返し適用可能である．またすでに述べたようにベクテルの機械論的分解では，システムの行動の記述と作動要素の記述の際に異なる述語が用いられなければならないが，これはある種の無限後退を回避する機能を有していると考えられる．だからこそ，この種の説明が説明として成立するのだ．

脱神秘化としての還元──ギャップを埋める

　最後に，還元に対する私の見方を簡単に示しておこう．まずは，理論共進化と機械論的分解の考えには，重要な関連があることを提案しよう．

　理論共進化において最も重要なのは，高レベル理論の機能的概念リソースの

5.4 論争と展開(2) 機能主義再考

低レベル理論への導入であり，それは心理学と神経科学の間においてベクテルとマンデールが示した通りだろう．神経系は，単なる細胞形態学によってのみ個別化されるのではなく，心理学的機能によって個別化されるとき，その生産的な理論化が可能になる．

ただし，このような高レベル理論から機能的概念リソースが導入されているのならば，還元可能性の観念は変容する．仮に心理学理論が，それとともに共進化した神経科学理論によって導出されたとしても，そもそも神経科学理論に心理学理論の機能的な概念リソースがすでに導入されているのだとしたら，その理論間関係は還元の眼目に収まるような関係とは思われない．なぜなら，心理学的概念リソースを含んだ理論が心理学理論を還元することになるからだ．これでは還元とは正反対に，循環的であるとすら思われる（c.f. Endicott 1998）．（なお，ある時点の神経科学理論にそのような概念リソースが明示的に見出せないと主張する者がいても，それは，心理学的概念リソースがそれよりもずっと以前に導入されて暗示的に浸透しているためかもしれない．）

しかし私の見るところ，還元について必ずしも悲観する必要はない．なぜなら第一に，心理学理論から神経科学への概念リソースの導入は分解的な仕方で行われており，第二に，分解されて導入された概念とともに構築された神経科学理論はそのおかげで，中間的レベルにおける機械論的分解を可能にし，心理学的能力を**脱神秘化**できるからだ．

第一に，理論共進化における高レベル理論からの機能的な概念リソースの導入は，それが分解的に再概念化される限り問題がない．たとえば，視覚神経系の機械論的分解では，まさにそのような分解的な概念リソースの導入が達成されている．私の視覚は一つだろうか．ある意味ではそうだろう．私は，様々な物体をこの単一の視野でとらえているのだ．だが脳内に単一の視覚中枢があるわけではない．視覚機能は，後頭皮質のV1という領野における線分のコーディング，V2における輪郭のコーディング，V4における色や形のコーディング，V5/MTにおける視覚的対象の運動のコーディング，下側頭皮質におけるカテゴリのコーディングといった一群の要素的機能へと分解されながら，その概念が神経科学理論に導入されているのである．もしも視覚機能がこのように再概念化されないままに神経科学に導入されていたのであれば，両理論の関係は循

環的となり，いかなる意味でも還元は阻害されたであろう．しかし，視覚機能が複数の要素的な準‐視覚機能の組織化によって実現されると主張することには，循環はない．

　そして第二に，まさにこのように高レベル概念リソースが分解されながら導入されることによって，機械論的分解が脱神秘化を可能にする．還元の動機の一つは論理実証主義が提唱していた統一科学だが，もう一つの還元の重要な動機が脱神秘化だ．機械論的分解が還元的でありうるのは，低レベルの基盤をもつ作動要素の一群の他には何も働かないことを示すことで——システムと同じ能力を持った存在者（生気やホムンクルス）の可能性を排除することによって——，そのシステムの行動に奇妙な点がないことを示すからである．

　このような脱神秘化は，どのような分解によっても可能であるわけではない．それはむしろ，システムとその要素の間のギャップが解消される限りにおいてのみであり，そのために分解は漸次的でなければならない．たとえば，人間個体をそれを構成する元素へと分解したところで，その生命や心について何も理解されはしない．むしろ，なぜこのような一群の物質が生命や心を可能にするのだろうかという問いが残るだけであり，この状況でとどまることは下手をすると，我々に生気やホムンクルスを措定させかねない．分解において何らかのギャップが残るのだとしたら，それは分解のステップを急ぎすぎたことを示している．ここで我々がとるべき道は，中間レベルにおける作動要素を探求することだ．すなわち，ギャップが見出されるレベル間に，綿密な一群の多層的な中間的レベルを措定し，その周辺において新たな分解を探求しなければならない．

　このような中間レベルにおける機械論的分解が可能になるのは，理論共進化によって高レベルの概念リソースが導入されることによってである．それなしに中間レベルの理論化を行うというのは，低レベルの科学がやみくもに概念リソースの開発を行うということであり，まったく非生産的な仕方でしか理論化は行われない．脱神秘化のための還元においては，理論化のレベルは減じられるどころか，むしろ多層的な中間レベルの理論化が不可欠なのだ．

　この点は，生物学の展開を考慮に入れれば明らかだ．遺伝学の遺伝子概念は，その理論と生化学との間に分子遺伝学を派生させた．分子遺伝学は遺伝子概念

を変容させつつ，転写単位やORFといった明らかに機能的な後継概念によって高分子構造を個別化している．転写単位やORFとは一般に何であるかを，具体的な分子構造や塩基配列に言及しないままに同定できるということを考えれば，これらの概念は明らかに機能的概念である——それらは一義的には，何でできているかではなく，何をするかという点から同定されているのだ．そして，このような後継概念によって一群の高分子が個別化され，さらに生化学的な組織化に埋め込まれて働くことが示されることで，特定の形質発現や遺伝現象の不思議さが解消されるのである．

　この考え方によれば，還元可能性というものは何であれ，ミクロ物理学の完成（仮にそのようなものが可能だとして）によってはまったく保証されない．むしろ還元可能性は，適切な機械論的分解の実行のために，高レベルと低レベル両方からの概念リソースの導入を手助けにしながら，どれほど豊かな中間レベルの概念リソースを開発しうるかに依存する．

　このような還元概念を理解するために，還元が失敗するように思われる状況，たとえば創発現象と呼ばれるものを考えられたい．いわゆる創発現象では，低レベルから見ればまったく異質な性質が発生しているように見えるのであり，そこでは高レベルにおいて何かが増えているように見えるのだ．だからこそ低レベルに減じる——還元する（reduce）——ことが不可能もしくは不適切であると言いたくなる．還元不可能性を主張したくなる状況では，それらの中間にある概念リソースが未開発なのだ．もしも中間レベルの概念リソースを開発できれば，その創発的とされる性質は異質には思われなくなり，そのとき我々は，それを還元不可能なものとは見なさなくなるだろう．

　科学者であれ哲学者であれ，ある者は，自然科学の歴史において還元が成功していると主張し，また別の者は，還元が目下成功していないと主張する．私は今回の考察に基づいて，どのような意味でそれぞれが正しいのかについて，暫定的に解答を与えてみようと思う．還元が成功していないとすれば，次の意味においてだ——基礎物理学から他のすべての理論を導出しようとする試みや，低レベルの概念だけで理論化を実行しようとする実践的な試みは，レベル間のギャップを解消することに貢献しない．しかしそれでも，別の意味での還元は大いに成功しつつある．生物学や心理学における機械論的分解では，徐々にレ

ベル間のギャップが解消されることで,脱神秘化が着々と達成されつつあるからだ.

　この章では還元論争を概観したが,その展開とともに論点が移行しつつあることがわかる.焦点を当てられる還元関係は,形式的なものから非形式的なものへ移っている.実際,ネーゲルの古典的還元モデル,シャフナーのGRRモデル,チャーチランドらの還元-消去連続体,ベクテルの機械論分解に至るとともに,提唱されている還元関係は徐々に不明瞭なものになっている.その背後にあるのは,論理実証主義的な科学の理想化からの脱却と,科学の構造と歴史に対するより現実的な視点の導入だろう.

引用文献

Aizawa, K. and Gillett, C. (forthcoming) "Multiple realization and methodology in the neurological and psychological science," http://www.centenary.edu/attachments/philosophy/aizawa/publications/methodmovemrdist.doc
Bechtel, W. (1994) "Levels of descriptions and explanation in cognitive science", *Minds and Machines* 4: 1-25.
Bechtel, W. (2009) *Mental mechanisms: Philosophical perspectives on cognitive neuroscience*, London: Routledge.
Bechtel, W. and Abrahamsen, A. (2005) "Explanation: a mechanistic alternative", *Studies in History and Philosophy of the Biological and Biomedical Sciences* 36: 421-441.
Bechtel, W. and Mundale, J. (1999) "Multiple realizability revisited: Linking cognitive and neural states", *Philosophy of Science* 66: 175-207.
Bickle, J. (1998) *Psychoneural Reduction: The New Wave*, Cambridge, MA: MIT Press.
Block, N. and Fodor, J. (1972) "What psychological states are not?", *Philosophical Review* 81: 159-81.
Churchland, P. S. (1986) *Neurophilosophy*, The MIT press: Cambridge, MA.
Dennett, D. C. (1978) *Brainstorms*, The MIT Press: Cambridge, MA.

Enç, B. (1983) "In defense of the identity theory", *Journal of Philosophy* 80: 279-98.
Endicott, R. (1998) "Collapse of the New Wave", *Journal of Philosophy* 95: 53-72.
Feyerabend, P. K. (1962) "Explanation, reduction and empiricism", Feigl, H. and Maxwell, G. (eds.), *Minnesota Studies in the Philosophy of Science, vol. 3*, pp.28-97, Minneapolis: University of Minnesota Press.
Fodor, J. (1974) "Special sciences, or the disunity of science as a working hypothesis", *Synthese* 28: 77-115.
Hull, D. (1972) "Reduction in genetics – biology or philosophy?", *Philosophy of Science* 39: 491-499.
Kitcher, P. (1984) "1953 and all that: tale of two sciences", *Philosophical Review* 93: 335-73.
Kuhn T. S. (1970) *The Structure of Scientific Revolutions*, Chicago: Chicago University Press. (「科学革命の構造」(1971) 中山茂訳, みすず書房)
Lycan, W.G. (1987) *Consciousness*, Cambridge, MA: The MIT Press.
Machamer, P. K., Darden, L. and Craver, C. F. (2000) "Thinking about mechanisms", *Philosophy of Science* 67: 1-25.
Nagel, E. (1961) *The Structure of Science*, Routledge and Kegan Paul: London. (「科学の構造」(1969) 松野安男訳, 明治図書出版)
Oppenheim, P. and Putnam, H. (1958) "Unity of science as a working hypothesis", Feigl, Maxwell, and Scriven (eds.), *Minnesota Studies in the Philosophy of Science, vol. 3*, pp.3-36, Minneapolis: University of Minnesota Press.
Putnam, H. (1967) "Psychological predicates", Capitan & Merrill (eds.), *Art, Mind, and Religion*, pp.37-48, Pittsburgh: University of Pittsburgh Press.
Schaffner, K. F. (1967) "Approaches to reduction", *Philosophy of Science* 34: 137-147.
Schaffner, K. F. (1993) *Discovery and Explanation in Biology and Medicine*, University of Chicago Press: Chicago.
Shapiro, L. (2000) "Multiple realizations", *Journal of Philosophy* 97: 635-54.
Wimsatt, W.C. (1976) "Reductive explanation: a functional account", Cohen & Michalos (eds.), *Proceedings of the 1974 meeting of the Philosophy of Science Association*, pp.671-710, Dordrecht: D. Reidel.

第6章　種問題

◆

網谷祐一

6.1　はじめに

　本章は，いわゆる種問題（species problem）を論じる．種問題とは，一言で言うと，「種とは何か」また特に「種の正しい定義は何か」という問題である．多くの生物学者は種を生物界の基本的な構成要素であると考えてきた．分類学の哲学について意見を異にする多くの研究者も，種が客観的で実在するものという点では一致する．したがって，分類学者は種を究極的な「分類の単位」，つまり分類体系の構成要素として用いてきた．また多くの進化学者は，どのように新しい種ができるかをダーウィニズムの枠内から研究してきた．つまり，種とは何かという問いに答えることは，生物界の構成要素および進化のプロセスの理解に役立つと思われてきた．

　にもかかわらず，生物学者は長い間，自分たちが一致して同意するような種の定義を与えることに失敗してきた．ある哲学者の推計によれば，現在提唱されている種概念（種の定義）の数は26にのぼる（Wilkins 2006）．しかしどの定義を採用するか，生物学者の間で同意が得られているとは言い難い．チャールズ・ダーウィンは『種の起源』第二章の冒頭で，

> すべてのナチュラリストを満足させるような［種の］定義はこれまで一つもなかった．しかし，種について語るとき，ナチュラリストはみな，自分が何を意味しているのか漠然と知っている．（p.44, 拙訳）

と述べたが，この言葉は150年たった現在でも当てはまると言ってよい（現在提起されている種概念のいくつかについては表6.1および表6.2を参照）．

本章は，その種問題について解説する．様々な種概念や立場の解説から今後の展望まで，最近の動きを紙幅の許す限りとらえながら，述べていきたい．

本章の構成は以下のようになる．6.2〜6.4節では正しい種の定義を探る試みについて概説する．現在の種概念は，大まかにいって①同じ種に属する生物個体が互いに似通っていること（表現型の一様性・まとまり）の原因となる動的メカニズムに着目するものと，②種を生物の間の系統関係の中に位置づけようとするものに分かれる．最初のグループについては6.2節，次のグループについては6.3節で解説する．6.2節では，現在もっとも幅広く受け入れられている種概念である生物学的種概念について概説する．6.3節では，種を系統関係の中に位置づけようとする様々な系統学的種概念について説明する．こうした定義は，一般にそれぞれを唯一正しい種の定義と見なすが，多元主義と呼ばれる立場では，研究の目標ごとに正しい種の定義は異なり，複数の定義が研究目標ごとに併存することを主張する（6.4節）．

6.5節では，種に関するもう一つの問題，つまり個々の種がどういう存在論的地位を持つかという問題について考える．生物の種は，伝統的に自然種（natural kind）の典型的な例だと考えられてきた．つまり種は，金のような化学元素と同じく自然の中に実在する種類・クラスであり，また――金である対象が原子番号79を共有するように――一つの種（たとえばキイロショウジョウバエ）に属する生物個体は共通の性質をもつと考えられてきた．しかし，1970年代以降，種はクラスではなく，富士山やソクラテスのような個物（individual）であると論じられるようになる．この「種の個物説」は，一時は広く受け入れられていたが，現在は恒常性性質クラスター説と呼ばれる理論によってその人気に揺らぎが見られる．最終節では，まとめとして，種概念に関して緩やかな形の多元主義を認めるべきこと，その上で生物学者が「種」という概念に何を求めているか，その役割を理解することが種問題を「解決」する上で必要なことを論じる．

表6.1 主な種概念の名前と定義(1)

名　称（英文名）	定　義
生物学的種概念 （Biological Species Concept）	実際にあるいは潜在的に交配し，他の同様のグループから生殖隔離された自然集団のグループ．（Mayr 1942）
遺伝子型クラスター種概念 （Genotypic Cluster Species Concept）	同定可能な遺伝子型のクラスターで，ほかの同様のクラスターと接触したときに，中間個体がないことによって区別されるもの．（Mallet 1995）
生態学的種概念 （Ecological Species Concept）	その分布範囲内ではほかのどの系譜とも最小限異なった適応帯を占め，分布範囲外ではあらゆる系譜と別個に進化するような系譜（あるいは近縁の系譜の集合）．（Van Valen 1976）
結合的種概念 （Cohesion Species Concept）	遺伝的・人口的（demographic）交換可能性の片方あるいは両方を持つ生物の集団の中で，もっとも包括的なもの．（Templeton 1989）

表6.2 主な種概念の名前と定義(2)

名　称（英文名）	定　義
系統学的種概念（形質に基づく） （Phylogenetic Species Concept (Character-based)）[*1]	形質状態の独自の組み合わせにより識別可能な集団（有性生物）あるいは系譜（無性生物）の中で，最も小さい集まり．（Nixon & Wheeler 1990）
系統学的種概念（単系統に基づく） （Phylogenetic Species Concept (monophyly based)）	最小の（もっとも包括的でない）単系統群——これは，一つの集団あるいは複数の集団からなるグループのいずれかである．（de Queiroz & Donoghue 1988）
ヘニック的種概念 （Hennigian Species Concept）[*2]	二つの種分化事象，あるいは一つの種分化と一つの絶滅事象，あるいは種分化事象から由来する生物の集合．（Ridley 1989）
進化的種概念 （Evolutionary Species Concept）	祖先子孫関係にある生物集団（populations of organisms）からなる単一の系譜で，ほかの同様の系譜から自らの同一性を保っており，それ独自の進化的傾向と歴史的運命を持っているもの．（Wiley 1978）

[*1] 識別的種概念（Diagnostic Species Concept）などとも呼ばれる．
[*2] 分岐学的種概念（Cladistic Species Concept）とも呼ばれる．

6.2 生物学的種概念

現代の種問題について語るに当たって,生物学的種概念 (Biological Species Concept) をはずすことはできない.この定義は,おそらく現在もっとも多くの生物学者に支持されており,生物学のサークルの外でももっとも一般的な種概念でもある.また,生物学的種概念に類似した考えは比較的長い歴史を持っている.

生物学的種概念:マイアによる定義

生物学的種概念について,もっともよく知られているエルンスト・マイア (Ernst Mayr) による定式化は以下のものである.

> 種は実際にあるいは潜在的に相互交配する自然集団のグループであり,他の同様の集団から生殖的に隔離されている.(Mayr 1942, p.120)

この定義のポイントは,種はそれに属する個体同士が相互交配することによって互いの遺伝子を組み替える場(遺伝子プール)であり,他の同様の集団とは相互交配を通じた遺伝子の交換が生じない集団だというものである.この遺伝子プール内では,個々の生物の間に両性生殖を介した遺伝子の流動がある[1].この,種が遺伝子プールであるという特徴によって,同じ種に属する個体の表現型が互いに類似し,同時にほかの種の個体からは異なっている,というよく知られた事実(種の表現型のまとまり(cohesion))が説明される.これは種のメンバー同士が交配することで,集団内の個体同士が類似した遺伝子型を持つ確率が高まる一方,別の種とはそうした交流がないために,自然選択や遺伝子浮動の効果によって遺伝子型が相互に乖離していくからである.

本質主義の否定

この定義がもたらす帰結の一つは,種に対する**本質主義**の否定である(6.5

---

1) ここでの「流動」は子孫を通じて遺伝的なつながりを持つという意味である.

節も参照）．生物種（species）に対する本質主義では，ある種に属する個々の個体は，ある本質的な性質を共有していると考える．たとえば「これこれのDNA 配列 D をもつ」というのがヒトの本質だとすると，すべてのヒト，そしてヒトだけがその性質をもつ．また，本質主義者は，そうした本質が，その種に属する生物体がほかの性質 $F_1, F_2, \ldots, F_n$ を持つことを予測し説明すると考える．D をもつことで人間は高度に発達した言語をもつ，というようにである．一般に種についての本質主義者は，それぞれの種に対して，以下の文を満たす（内在的）性質 F があると主張する．

> すべての対象 x にたいし，x が種 S に属するのは以下のとき，そしてそのときに限られる：x が性質 F を持っているとき．

こうした種に対する本質主義は，個々の種に対する生物学者の振るまいと整合的であるように見える．ある生物体 a がどの種に属しているかという情報から，生物学者（および素人）が a の持つ性質を予測し説明することはきわめて一般的である．たとえばわれわれは，上野動物園のフェイフェイがジャイアントパンダであることから，フェイフェイが笹を主食とすることを予測・説明する．

しかしマイアは，生物学的種概念の立場から本質主義を強硬に批判する．個々の種は，本質を持たない．種とは相互交配関係によって結びついている集団であって，何かある性質を共有することでそのメンバーが属するような集団ではないからである．たとえば，この立場によれば，ある人が出生時より上で述べたような DNA 配列 D を欠いていても，われわれと同じ相互交配集団に属するなら，その人はヒトである．これは同時に，種を相互に類似した個体の集まりとする**分類学的種概念**に対する批判を構成する．現在でも多くの分類学者は個体相互の形質の類似（およびほかの種との相違点）によって種を記載するが，そうした類似は集団が種である（相互交配集団である）ことの**証拠**と見なされるべきであって，**定義**と考えられるべきではないのである．

生物学的種概念に対する批判

しかし，生物学的種概念を種問題の「解決」と見なすことに対しては，いく

つか有力な批判がある．第一に，生物学的種概念の適応範囲の問題がある．生物学的種概念は有性生殖を前提としているので，無性生殖をする生物には適用できない．したがって，生物学的種概念は無性生殖種の問題には解決をもたらさない．

第二に，生殖隔離が一つの種に属する個体同士の類似性の原因であるという上の主張にも問題がある．マイアの考えによれば，かつて同一の遺伝子プールを共有していた集団が，交配ができなくなると，（生殖隔離を含めた）形質の分化が生じるとされる．しかし，地理的障壁の結果きわめて長期間にわたって交配が生じなかったはずにもかかわらず，現在でも交配が可能な集団の事例が報告されている．さらにそうした集団の中には，形態的にも生殖的にも未分岐であるものもある．たとえば，アメリカとヨーロッパにあるプラタナス *Platanus occidentalis* と *P.orientalis* はおそらく2000万年にわたって地理的に隔離されていたにもかかわらず，交配実験を行うと雑種が生まれる（Stebbins 1950）．またスナホリガニ科のカニ *Emerita analoga* は南北半球にわたって非常に不連続な分布をしているが，にもかかわらず南北二つの集団の間に差異は見られないという（Ehrlich & Raven 1969）．さらに，同一種内においてさえ個体同士の相互交配が活発に生じているのか疑わしい場合も多い．たとえばポール・エーリックとピーター・レイヴンは，植物において，集団間の距離が増すごとに，花粉が届かないために交配の可能性は急速に小さくなることを指摘している（Ehrlich & Raven 1969）．

こうした問題点に対してマイアは，遺伝子間相互作用などと呼ばれるはたらきを種概念の議論に導入し，批判に答えようとしたが，これには生物学的種概念を本質主義に舞い戻らせるものだとして批判も多い[2]．

---

[2] また，こうした問題点と関連して，種の定義に生態学（自然選択）の観点を持ち込もうとする動きがある．たとえばリー・ヴァン＝ヴェイレンの提起した**生態学的種概念**やアラン・テンプルトンの**結合的種概念**がそうである．こうした種概念によると種は独自の生態的地位（ニッチ）を占めており，そこで働く自然選択（安定化選択）によって，表現型のまとまりが維持される．これによって無性生殖の生物にも種が適用できることになるが，何をもって一つのニッチと見なすかは客観的に決められないのではないかという批判がある．

6.3 系統学的種概念

　種に関わるもう一つの問題として，生物の系統関係における種の位置がある．進化は系統を産みだす．もし種が進化の産物ならば，種を系統の中にどう位置づければよいのだろうか．生物学の中で系統解析に従事するのは分岐学（系統学）である．分岐学は，生物がどういう形質をもっているかという情報から，その間の系統関係を明らかにし（系統分析），それを反映した分類体系を作る．分岐学と種概念の関係を見る際には，生物の系統関係を復元する上で種がどのような役割を果たしているか，また系統を反映した分類体系を作る際に種をどのように扱うかが問題になる．

6.3.1　分岐学と単系統群

　分岐学の方法論の詳細をここで論じることはできないが（三中1997，を参照)[3]，以下の議論を理解するには，**単系統**（monophyly）という概念を理解することが必要である．分類群 a, b, c を系統分析した結果，図6.1のような系統関係が正しいことがわかったとしよう．このとき w は a と b の両方の祖先であり（図では黒太線で表されている），u は a, b, c および w のすべての祖先（同白太線）である．ここで単系統群（monophyletic group）は次のように定義

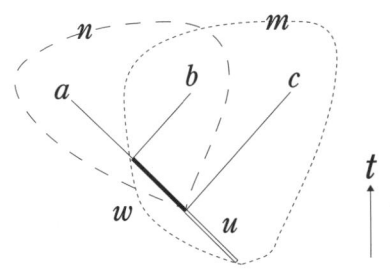

図6.1　系統樹　詳細は本文を参照．

[3)] 以下の説明はパターン分岐学の主張にはふれていないことに留意されたい．

される.

　単系統群は，ある祖先とその子孫すべてからなるグループである.

　この図でいえば，a，b および w からなるグループ n（図では破線）は単系統群である．w および w のすべての子孫（a と b）だけが含まれているからである．対して m（同点線）は単系統群ではない．u の子孫である a が含まれていないからである．

　ここで重要なのは，分岐学者は分類体系を作るに当たって，単系統群（および末端分類群）しか正当な分類群として認めないことである[4]．そうでない分類群，たとえば側系統群と呼ばれるグループは，分岐学者の作る分類体系には組み入れられない．この図でいうと，グループ m は分岐学者の分類体系には位置を占めない．具体的な例を挙げると，爬虫類といったグループは単系統群ではなく，分岐学による分類では正式な分類群として認められなくなるのである．

相互生殖集団と分岐学

　では，分岐学において種はどのような役割を果たすのだろうか．第一のポイントは，相互生殖集団は必ずしも単系統群でないということである．図6.1の a，b，c，w，u がそれぞれ集団（種ではなく）を表すものとしよう．さらに，もともとの集団 u は相互交配集団だったが，a がそのほかの集団 b および c から生殖的に隔離されたとしよう[5]．すると m と a は別々の相互交配集団ということになり，生物学的種概念に従う場合，現時点から見ると a と b，c は別々の種に属することになる．しかし先に見たように，m は単系統ではない．したがって，生物学的種概念に基づく種が分岐学では正当な分類群と見なされない可能性があるのである．

---

[4] 詳しい議論は前述の三中氏の本を参照．
[5] ここで b と c の間には実際の相互交配はないが生殖隔離は成立しておらず，b と c が（地理的に）接触した場合は遺伝子流動が始まるとする（マイアの修正案に基づくと b と c は一つの種となる——6.2節の最終段落を参照）．

6.3.2 さまざまな系統学的種概念

上で見たように,生物学的種概念によって種と判断される集団は,分岐学により正当な分類群と見なされないことがある.しかし,単系統群とそうでないグループの区別は分岐学の方法論の根幹である.この問題を解決するために,分岐学者はいくつか独自の種概念を提起した.

系統学的種概念（形質に基づく）

この定義の基本的な考え方は,種は互いに異なる形質の組み合わせを持つ集団であるというものである.この種概念のもとでは,種 S_0 は形質の組み合わせ C_0 を持つ個体の集まり（あるいは系統）,別の種 S_1 は別の組み合わせ C_1 を持つ個体の集まり（系統）になる（したがって,C_n はある個体が S_n に属するための必要十分条件に近い）.これは種を系統分析を受ける最小の（末端）分類群と見なすということである.先に述べたように系統分析では,個々の分類群の形質の情報に基づいて分類群間の系統関係が解明される.その際分析対象となる分類群は同じ形質の集合を持つ.この定義の下では,種はそうした分類群の最小のものということになる.この意味で,種の識別は,個体より上のレベルで行われる系統分析の前提条件を提供するものと見なされる.

この種概念の問題点の一つは,種と見なされる集団の大きさが小さくなり,それにしたがって種の数が膨大になることである.先に相互交配集団の形質のまとまりについて述べたが,相互交配集団の中でも形質がまったく一様だというわけではなく,環境の違いによって形質が異なることが多い（多型種と呼ばれる）.もし相互交配集団内で独自の形質の組み合わせをもつ生物体の集まりを一つの種と見なすならば,種の数が飛躍的に増大する可能性がある.もう一つの問題は,この種概念は本質主義的である点である.これが問題になるのは,先に述べた生物学的種概念だけでなく現代の進化生物学一般が種の本質主義に否定的だからであるが,これについては6.5.1節にて述べる.

系統学的種概念（単系統に基づく）

上で説明した形質に基づく系統学的種概念では,種は単系統群であるとは限らなかった.系統分析は対象の**間**の系統関係を分析するもので,種は集団レベ

ルで系統分析を受ける最小の対象なのだから，一つの種**内部**の系統を分析することはできないわけである．言い換えると，種は「正当な分類群は単系統群に限られる」という分岐学の基本テーゼの例外だということになる．これに対してこの単系統に基づく種概念では，上のテーゼを種のレベルまで貫徹させようとする．種も（最小の）単系統群なのである．したがって，種の識別は系統分析の前提ではなく，その結果に基づいて行われる．たとえば，図6.1で末端分類群 a, b, c を集団（種ではなく）とすると，n が一つの種を形成することになる．

この定義の一つの問題点は，図6.1の場合，n を一つの種とすると，集団 c は単系統群ではないので，集団 c の生物体はどの種にも属さないことになってしまうことである．分類の目的である記載と命名という観点からすると，多数の生物体がどの種にも属さないという事態は望ましくない．にもかかわらず，この定義ではそうしたことが起きかねないのである．

6.4 多元主義

ここまでいくつかの種の定義を見てきたが，どれも理論上・実践上の問題を抱えているように見える．このような種概念の乱立状況が現れる中で，80年代から90年代にかけて，主に哲学者の間から新しい考え方が生じてくる．これまで種問題の議論には一つの「正しい」「万能の」種概念があるという前提があった．しかし，たくさんの両立不可能な種概念が現れてきたことをふまえると，この前提は放棄すべきではないか．複数の種概念を正当なものとして見ることはできないのだろうか．これが種の**多元主義**である．

多元主義を支持する哲学者には，フィリップ・キッチャー，ジョン・デュプレなどがいる（Kitcher 1984; Dupré 1981）．彼らの基本的な議論はこうである．①現在数多くの互いに両立不可能な種概念が提起されているが，その多くは互いに異なる目的を持っている．たとえば，生物学的種概念には一つの地域に見られる生物の多様性を説明する，という目的がある．他方，さまざまな系統学的種概念に共通する動機として，分岐学に合った種の概念を打ち立てようというものがある．②また，こうした目的の中には生物学的に正当なものが多い．

たとえば，系統解析を受ける最小の単位を種とした場合，その種概念は系統解析に役立つという目的を持つことになる．そして系統の解析が生物学的に妥当な研究プログラムであることは疑いない．③もしこうしたことが正しければ，そしてそれぞれの種概念が自らに割り当てられた目的を適切に果たすのであれば，何が「正しい」種概念であるかは，研究者がそのときに持つ（正当な）目的に左右される．つまり，あらゆる目的に照らして「正しい」「万能」の種概念は存在せず，正当な種概念がその目的に応じて複数存在してもかまわない．

多元主義への批判

こうした多元主義には哲学者のデイヴィド・ハルが包括的な批判を述べている（Hull 1999）．一つの懸念は，多元主義が結局のところ「どんな種概念でもよい」というような立場になってしまうのではないかというものである．ただしこれに対して多元主義者の一部は，種概念が満たすべき基準（分類内部の内的一貫性など）をいくつか示すことによって正当な種概念とそうでないものを区別する試みを行っている．

もう一つの点は，複数の種概念を認めることで生物学者のコミュニケーションが阻害されるという懸念である．これは以下の論点によって拡充できる．種は生物学者の間で比較可能な単位として扱われることが多い．たとえば集団 X と Y がともに「種」と分類されると，両者は本質的に同じ種類の存在者であり，両者を比較することに生物学的な意味があると思われる傾向がある．しかし，もし X が生物学的種概念により規定される「種」であり，Y が形質に基づく系統学的種概念により規定される「種」だとすると，両者の間の比較が生物学的に有意味なものか疑わしくなる．多元主義に従い両者を「種」と呼ぶと，こうした誤りが誘発されてしまうのである．

6.5 種の存在論的地位——種は個物か

ここまでの節では，どれが「正しい」種の定義なのかという問題に取り組んできた．しかし，それだけが種にまつわる哲学的問題ではない．1970年代から種論者の中で盛んに議論されてきた哲学的問題として，個々の種（種タクソ

ン)[6] がどういうたぐいの存在者か（種の存在論的地位）という問題がある．古代ギリシア以来，存在者の区別として大きくクラスと個物（individual）[7] という分類がされてきた．クラスの例としてよく挙げられるものは，化学元素（例：金）や交響曲（というカテゴリー）である．個物の例は，バラク・オバマ，富士山，モナリザ（絵画）などである．クラス概念は通常本質主義と結びつけられる．つまり生物種のときと同様に（6.2節），X がクラスならば，X はそのメンバー（だけ）が満たすべき本質によって定義される．また，クラスは時空上に位置を持たない．オバマはシカゴにいたりいなかったりするが，金というカテゴリーがシカゴにあったりなかったりするわけではない．

　さて，伝統的には種タクソンはクラス，特に自然種（natural kind）[8] だと考えられてきた．たとえば，6.2節にも見たように，ヒトの本質が DNA 配列 D をもつことにあるとすると，もし火星で生物が発見され，それが D をもつならば，それらの生物もヒトだということになる．ところが，種をクラスではなく個物だと考える論者は，それに異議を唱える．

6.5.1　ギゼリンとハル——種の個物説

　種の存在論的地位の問題にまつわる論争の口火を切ったのは生物学者のマイケル・ギゼリンであり，ハルがそれに続いた（Ghiselin 1974, など; Hull 1976, など）．彼らの議論の流れはこうである．①種を生殖共同体と見なす生物学的種概念の考え方は大筋で正しい．②ところが，そうした生殖共同体は個物が持つとされる性質を多くもっている．よって，③生殖共同体は個物であり，ゆえに種も個物である．

---

6) 「種」という語にはタクソン／カテゴリーにまつわる多義性がある．タクソン（taxon, pl. taxa）は特定の分類群である．たとえば，哺乳類，ホモ属，ホモ・サピエンス（*Homo sapiens*）など．各タクソンは分類体系の中であるランクをもつカテゴリーにおかれる．種は目，属などと並んでそのランクの一つである．「種タクソン」は種という**ランク**をもつ**カテゴリー**にある分類群（タクソン）を指す．この節で扱う論争は種タクソンの存在論的地位についてである．
7) 存在論的カテゴリーを示す "individual" は，「個物」あるいは「個体」と訳されてきた．ところが進化生物学では「個体」は，一般に一つ一つの生物体を指す．混乱を避けるために，本章では "individual" には「個物」という訳語を用いる．
8) ここでの「種」は "kind" の訳語であり，"species" の訳語でないことに注意されたい（この文脈では "kind" は存在論的カテゴリーを指す）．この混同を避けるため，「自然類」という訳語が使われることもある．

では個物はどのような特徴を持つのだろうか．ハルは，個物の特徴として次のようなものを挙げる．それは，(a)時空的統一性・連続性，(b)時間的な始まりと終わりがあること，(c)ある程度はっきりした境界をもつ，(d)内的なまとまり (cohesion) である．またギゼリンは，(e)個物は必要十分条件によって定義できないことを強調している．こうした特徴付けは，哲学における個物の一般的な特徴付けとおおむね一致する．また一般的にクラスの例とされる対象は，こうした特徴を持っていない．金というカテゴリーが存在すると言っても，どこか特定の時間をもって存在し始めたわけではない．

その上で彼らは，生物学的種概念によって規定される種は，こうした個物の特徴を備えていると主張する．まず相互交配集団は，メンバー間の相互交配を通じて，ある程度の時空的同一性・連続性を保ち，生物全体からなる系統樹（「生命の樹」）の一部となる**系統**を形作る．生物学的種概念と本質主義との関係はすでに述べたが（6.2節），そのときのポイントは時間的連続性（系統）の論点からも拡充できる．もし（たとえば）ヒトが系統を構成するなら，ヒトの「本質」である DNA 配列 D を将来失うことがあっても，同じ系統を構成する限り，ヒトはヒトであり続けられるように見えるからだ．

また，種は種分化と絶滅によって生成消滅する．モーリシャス島の飛べない鳥ドードー（*Raphus cucullatus*）は絶滅したので，すでに存在しない．この意味で，種は歴史的実体（historical entity）である．どこか遠い星にヒトと形態的・生態的にまったく区別できないような生物集団が発見されたとしても，それはヒトではない．そうした集団と地球上の人類とは系統的なつながりがないからである．

なお，上ではギゼリンとハルが，自らの議論の前提として生物学的種概念の枠組みを受け入れていると述べた．しかし，種の個物説自体は生物学的種概念を前提としない．たとえば，種が系統を構成することや種が生成消滅することは，ほかの多くの種概念の前提あるいは帰結でもある．こうしたことから，種の個物説の問題提起は大筋で受け入れられていった．

6.5.2 新しい本質主義：恒常的性質クラスター説

ところが，90年代の終わり以降，新たな本質主義説が哲学者を中心に広がり

を見せてきた．それが自然種についての恒常的性質クラスター説（Homeostatic Property Cluster theory，以下「HPC説」と略記）である（Boyd 1999）．

　HPC説では，自然種とその定義性質との関係が，伝統的な本質主義に比べてゆるやかになっている．先に見たように，伝統的な本質主義によると，ホモ・サピエンスには，それに属する全個体（のみ）が持つような性質（本質的性質）がある．HPC説では，種はいくつかの（形態的・遺伝的，等々の）性質の集まり（**クラスター**）により定義される．両者の間の違いは，HPC説では，ある対象がある種に属するためにそのクラスターを構成する性質をすべて持たなくてもよい，というところにある[9]．生物の種Sを定義する性質のクラスターを$F_1, F_2, \cdots, F_n$だとすると，HPC説では，ある種Sは次のように定義される．

　　すべての対象xにたいし，xが種Sに属するのは，次のときであり，そのときに限られる：xが$F_1, F_2, \cdots, F_n$のうちある程度の数の性質をもっているとき．

　もちろん「ある程度の数」がどのくらいかという疑問が出てくるが，HPC説はこの境界線が曖昧なことをみとめる．しかし，これはHPC説の問題ではないと支持者は考える．というのは，これは種間の境界が実際に曖昧であることの反映だからである．

　HPC説のもう一つのポイントは，こうした性質が恒常的なことである．つまりある対象がクラスターを構成する性質を一つあるいは複数もっているなら（例：F_1, F_2），クラスターを構成するほかの性質（例：F_7）を持つ確率が高くなる．また多くの場合，こうした性質（$F_1, F_2, \cdots, F_n$）の背後には何らかのメカニズムがある．こうしたメカニズムがあることが，クラスターを構成する性質が恒常的であることの原因なのである．たとえば人間に対応する性質（発達した言語を持つ，数学的能力を持つ，直立歩行など）の背後にはこれらの原因となるメカニズム（相互交配など）がある．そしてこうした恒常性とそれを支えるメカニズムによって，ある自然種に関して帰納や説明ができるようになる．

　HPC説を支える動機付けの一つは，すでに見たように，われわれの振るま

---

[9] この点はヴィトゲンシュタインの「家族的類似性」を思い起こさせる．また，分類学では"polythetic group"という語が類似のグループに使われることがある

いが種を自然種と見なす見方と整合的であることである（6.2節）．また，相互交配などを背後メカニズムと見ることで，生物学的種概念の考え方とも HPC 説は矛盾しない．さらに他の科学分野で用いられる概念も（唯一の本質ではなく）性質のクラスターを用いて HPC 説で理解できることから，なぜ種についても同様に HPC 説を適用しないのかと迫ることもできる．

HPC 説への批判

しかしマーク・エレシェフスキーとモハン・マサンは，HPC 説（特に種への応用）を批判する（Ereshefsky & Matthen 2005）．一つの批判は，現代の進化生物学・体系学では，ひとつの種の中に見られる変異を説明することが目標の一つなのに，HPC 説はそれをうまく取り込めていないというものである．たとえば，HPC 説は恒常的な性質およびその背後のメカニズムのみに着目し，変異を生み出すメカニズムに適切な注意を払っていないと批判される．自然選択は，集団内の形質を一様化するときもあるが（安定化選択），集団の生息地の中で生態的な条件が異なる場合などでは，形質の変異をもたらす（分断選択）．エレシェフスキーとマサンは，HPC 説はもっぱら安定化選択だけに注意を払い，分断選択が無視されていると批判する．

6.6　おわりに──「種」の認識論的意義

本章ではここまで現代の種問題について概説してきたが，これをふまえて本節では将来の展望について記したい．ここまでは種問題に関わる諸説についてできるだけ客観的に記してきたつもりだが，本節はわたしの主観的な見方が含まれていることに留意されたい．

本章ではいろいろな種の定義を見てきたが，どの定義も「種とは何か」という問いに対して万能の答えを与えてくれそうにはない．むしろ目的に応じて，異なる集団が「単位」として妥当となる（それが「種」であるかは別にして）ことはさけられそうにない．すなわち，研究の上で適当な単位を選ぶ際には，相互交配集団，ニッチを共有する集団，最小の単系統群などのうち目下の目的にもっとも合ったものを採用するべきであろう．こうした「単位」についての多

元主義は，生物学者にも現実的提案として受けとめられているように見える．

そうすると問題は，そうした様々な研究のパースペクティヴが「種」という大きな傘（一般的な種概念）のもとにまとめられるか否か，そしてもしまとめられるとしたらそこにどういう意義があるのかという点である．この点についてはいくつかの選択肢が考えられる[10]．一つは，上の多元主義から「種」一般というカテゴリーは実在しないことを導き，したがって「種」一般という概念を生物学から完全に排除すべきだという主張（種の排除主義（eliminativism））である．しかし，もしこれが「種」というランクを分類体系から排除するということを意味するなら，あまり現実的でない．

もう一つの案は，HPC説を種カテゴリーに適用することである．これに従うと，種はたとえば「(a)生殖的に隔離されている，(b)同じニッチを占めている，(c)単系統である，……の性質をある程度の数もつ生物集団である」と定義される．しかしこれがHPC説からの解決案だとすると，拍子抜けする生物学者も多いだろう．こうした定義を満たす集団は，分類学者の間ではしばしば「よい種」（good species）と呼ばれる．これはいわば種の典型例と考えられ，それらが種であることは一般に認められていたといえる．種についての議論の一部は，こうした典型例を超えた膨大な境界線上の事例をめぐって争われてきた．6.5.2節で見たとおり，HPC説はこうした境界線上の事例をそのまま境界線上の事例として受け入れることを許容するが，もしこの路線が種問題の「解決」ならば，種問題は，生物学者が問題に取り組む前からいわば「解決」していたことになる．もしそうなら，生物学者がなぜこの種という概念にこだわってきたのか，答える必要が出てくる．すなわちこの提案は，種の存在論としては受け入れられるかもしれないものの，種という概念の認識論的な役割については多くのことを語っていないかもしれないのである．

種概念の認識論的役割

そこで「種」という概念一般が生物学者の研究の中でどういう役割を果たしているかが問題になる．ここでのポイントは「種」という概念の発見法的側面

---

10) 以下で挙げる選択肢は網羅的なものを意図していない．

に着目することである．参考になるのは，種の多元主義ともっと一般的な種の概念との関係について論じたインゴ・ブリガントの議論である（Brigandt 2003）．種の多元主義者はしばしば排除主義的主張をすることがあるが，彼は多元主義を採用することは一般的な種の概念を放棄することにはつながらないと考える．というのは，もし存在論的に多元主義が正しく，――生物学的種概念による種，系統学的種概念による種といったように――様々な種類の種しか実在せず，種カテゴリー一般は実在しないとしても，一般的な種の概念は生物学の研究の中で一定の認識的役割を果たしており，彼の言うところの**探究種概念**（investigating kind concept）と見なせるからである．探究種とは，ブリガントによると「背後にある何らかのメカニズムあるいは構造的性質によって［ある分類体系の中で］一緒になると仮定される（presumed）ような事物からなるグループ」である（Brigandt 2003, p.1309, 強調は引用者）．そして探究種概念が提起されるのは，対象の間に類似性が観察されてはいるが，そのような類似性の背後にあるメカニズムについて理解が及んでいない場合である．

　ブリガントはこう考えることで，種という概念が歴史的に果たしてきた役割を理解できるという．たとえば種分化についてのダーウィンの説明において，「種」という概念は一定の役割を果たしているが，ダーウィン自身は『種の起源』で種の定義を与えていない．このときの種の概念は，その中身において，鍵となるメカニズムの点については空白にされていると考えてよいが，これは探究種概念の特徴でもある．また，さまざまな種概念は，この一般的な種概念がかかわる研究プログラム――「種」にまつわるとされてきた様々な現象（形質のまとまりなど）を説明するといった目標を持つ――の中で動機付けを受けて，生まれてきたものである．一般的な種概念は，そうした研究プログラムの中で一定の役割を果たしてきたし，その存在意義は今も失われていないのである．

　もちろん，「種」という概念が生物学者の思考の中でどういう役割を果たしているかについての研究はこれだけでは十分でないかもしれない．認知心理学における心理的本質主義（Gelman 2003）や民俗生物学についての研究（Atran 1998）も欠かせないだろう．だが，種という概念の役割を明らかにする上で，ブリガントの議論はこうした研究と並んで重要な手がかりを与えていると言え

る．

　本章の冒頭で，種問題は，種の本性は何か，特に正しい種の定義は何かという問題だと述べた．しかし，もし生物学者が暗黙のうちに期待するような「万能」の種概念が与えられる見通しが薄いならば，ある程度の「妥協点」を探る必要がある．つまり生物学者が種という概念に期待するハードルを何らかの形で下げる必要がある．それをどこまで下げればよいか理解するためには，生物学者にとって「種」という概念がどういう役割を果たしているか理解することが役立つ．その意味で上のような「種」という概念の認識論的な意義を探る研究が今後は求められるだろう[11]．

引用文献

秋元信一 (1992)「種とは何か」，柴谷・長野・養老編『講座進化 7 生態学から見た進化』所収，東京: 東京大学出版会，pp.79-124.
Atran, S. (1998) "Folk biology and the anthropology of science cognitive universals and cultural particulars", *The Behavioral and Brain Sciences* 21: 547-609.
Boyd, R. (1999) "Homeostasis, species, and higher taxa", R. Wilson, (ed.), *Species: New Interdisciplinary Essays*, Cambridge MA: The MIT Press, pp.141-185.
Brigandt, I. (2003) "Species pluralism does not imply species eliminativism", *Philosophy of Science* 70: S1305-S1316.
de Queiroz, K. and Donoghue, M. (1988) "Phylogenetic systematics and the species problem", *Cladistics* 4: 317-338.
Dupré, J. (1981) "Natural kinds and biological taxa", *Philosophical Review* 90: 66-90.
Ehrlich, P. and Raven, P. (1969) "Differentiation of populations", *Science* 165: 1228-1232.
Ereshefsky, M. and Matthen, M. (2005) "Taxonomy, polymorphism, and history: An introduction to population structure theory", *Philosophy of Science* 72: 1-21.
Gelman, S. (2003) *The Essential Child: Origins of Essentialism in Everyday*

---

11) ここで簡単に読書案内をしておきたい．生物学者による種問題の概説には秋元 (1992)，直海 (2008)，三中 (2009) がある．また，生物学の哲学の入門書であるソーバー『進化論の射程』，ステレルニー＆グリフィス『セックス・アンド・デス』(ともに春秋社) などには，いずれも分類や種概念について書かれた箇所がある．

Thought, Oxford: Oxford University Press.

Ghiselin, M. (1974) "A radical solution to the species problem", *Systematic Zoology* 23: 536-544.

Hull, D. (1976) "Are species really individuals?", *Systematic Zoology* 25: 174-91.

Hull, D. (1999) "On the plurality of species: questioning the party line", R. Wilson, (ed.), *Species: New Interdisciplinary Essays*, Cambridge MA: The MIT Press, pp.23-48.

Kitcher, P. (1984) "Species", *Philosophy of Science* 51: 308-335.

Mallet, J. (1995) "A species definition for the modern synthesis", *Trends in Ecology and Evolution* 10: 294-299.

Mayr, E. (1942) *Systematics and the Origin of Species from the Viewpoint of a Zoologist*, New York: Columbia University Press.

三中信宏（1997）「生物系統学」東京：東京大学出版会．

三中信宏（2009）「分類思考の世界」東京：講談社現代新書．

直海俊一郎（2008）「便宜的な分類単位としての種と進化の単位としての個体群」，生物科学 59: 194-237.

Nixon, K. and Wheeler, Q. (1990) "An amplification of the phylogenetic species concept," *Cladistics* 6: 211-223.

Ridley, M. (1989) "The cladistic solution to the species problem", *Biology and Philosophy* 4: 1-16.

Stebbins, G. (1950) *Variation and Evolution in Plants*, New York: Columbia University Press.

Templeton, A. (1989) "The meaning of species and speciation: A genetic perspective", D. Otte & J. Endler (eds.), *Speciation and its Consequences*, Massachusetts: Sinauer Associates, Inc., pp.3-27.

Van Valen, L. M. (1976) "Ecological species, multispecies, and oaks", *Taxon* 25: 233-239.

Wiley, E. (1978) "The evolutionary species concept reconsidered", *Systematic Zoology* 27: 17-26.

Wilkins, J. (2006) "Species, kinds, and evolution", *Reports of the National Center for Science Education* 26: 36-45.

第7章　系譜学的思考の起源と展開：
　　　　系統樹の図像学と形而上学

◆

三中信宏

7.1　はじめに：分類科学と古因科学

　近代進化生物学の礎を築いたチャールズ・ダーウィン（Charles R. Darwin 1809～1882）は，2009年に生誕200年を迎えた．この年はまた同時に，彼の主著『種の起源』（2009年：原書1859年）が出版されて150年目でもある．過去から現在に及ぶ地球上の生物の系統類縁関係の究明は，進化研究の中で中心的な意義をもつテーマの一つである．とりわけ，十分に信頼できる系統樹をデータに基づいていかにして推定するかは系統学者が長年にわたって取り組んできた課題だった．近年の分子進化学の発展により，DNAやアミノ酸の配列データや構造データが多くの系統学的情報をもつという認識が広まり，それが昨今の分子系統学の隆盛をもたらした．

　しかし，データが十分にありさえすれば真の系統樹が導けるわけではない．そもそも「真」の系統樹が発見できるという考えそのものが問題とされるべきである．そのためには，系統推定論がどのような方法論的基盤の上に築かれているのか，いかなる推論様式が系統樹の構築を可能にしているのかについての理解を深める必要があるだろう．系統樹を復元するとは，過去の地球において生じた進化的事象の連なりを，現時点で入手できるデータに基づいて推論することにほかならない．

　しかし，進化学や系統学では，研究対象を直接的に観察したり，反復して実験したりするという，典型的な自然科学（たとえば実験系諸科学）のプロトコルが実行できないという特徴がある．ダーウィンはその生涯をかけて，生物の進化史がまっとうな科学的研究の対象であることを主張し続けた．ダーウィン

祝祭年を体験したわれわれはこの点をいま一度肝に銘じたい．つまり，進化系統学とはもともと「歴史科学」的な性格を帯びた自然科学であるということだ．このとき，「歴史は科学でありえるのか」という昔から繰り返し提起されてきた問題点が再び浮上してくる．

19世紀イングランドの思想家ウィリアム・ヒューウェル（William Whewell）は，その著書『帰納科学の哲学』（1840）の中で，諸学問の分類体系を示した．彼の提示した学問分類の中で，体系動物学（systematic zoology）・体系植物学（systematic botany）そして比較解剖学（comparative anatomy）の三つの学問を，対象物に関する「類似度」（degrees of likeness）を研究する「分類科学」（classificatory sciences）という一つのカテゴリーにまとめた（図7.1）．

その一方で，同じく生物を対象とする学問である動植物の地理的分布は，地質学や語源学そして民俗学とともに，「古因科学」（palaetiological sciences）という別のカテゴリーに含めた．ヒューウェルの言う「古因科学」とは，「歴史的因果」（historical causation）を研究する分野と定義されている．これらの古因科学に共通する特徴は「歴史を復元する」ことであり，その意味するところは彼の以下の説明に示されている：

> われわれがここで念頭に置いている科学は，過去の状態から現在の状態にいたる因果を探る研究のことである．因果を研究する科学は，従来「因果学」（ætiological）と呼ばれてきた（"αἰτία" とはギリシア語で「原因」の意味）．しかし，この言葉では，われわれがさす諸科学をうまく表現できないだろう．因果学には，経時的な因果研究だけでなく，工学のような恒久的因果研究も含まれるからである．われわれがいままとめようとしている諸科学は，可能性だけではなく，現実の過去を研究対象としている．実際，地質学（geology）に属する一つの分野は，過去に実在した事物を研究することから，「古生物学」（palæontology）と呼ばれている（ギリシア語で，"πάλαι" =「原始の」; "ὄντα" =「存在」）．したがって，この二つの概念（"πάλαι" と "αἰτία"）を融合し，現実の過去の現象を因果によって説明しようとする研究を指す「古因学」（palætiology）という言葉を造語してもかまわないだろう．それが指しているのは，単なる物質界に関する研究だ

7.1 はじめに：分類科学と古因科学　143

Fundamental Ideas or Conceptions.	Sciences.	Classification.
Space	Geometry	Pure Mathematical Sciences.
Time		
Number	Arithmetic	
Sign	Algebra	
Limit	Differentials	
Motion	Pure Mechanism	Pure Motional Sciences.
	Formal Astronomy	
Cause		
Force	Statics	Mechanical Sciences.
Matter	Dynamics	
Inertia	Hydrostatics	
Fluid Pressure	Hydrodynamics	
	Physical Astronomy	
Outness		
Medium *of Sensation*	Acoustics	Secondary Mechanical Sciences. (Physics.)
Intensity *of Qualities*	Formal Optics	
Scales of Qualities	Physical Optics	
	Thermotics	
	Atmology	
Polarity	Electricity	Analytico-Mechanical Sciences. (Physics.)
	Magnetism	
	Galvanism	
Element (*Composition*)		
Chemical Affinity		
Substance (*Atoms*)	Chemistry	Analytical Science.
Symmetry	Crystallography	Analytico-Classificatory Sciences.
Likeness	Systematic Mineralogy	
Degrees of Likeness	Systematic Botany	Classificatory Sciences.
	Systematic Zoology	
Natural Affinity	Comparative Anatomy	
(*Vital Powers*)		
Assimilation		
Irritability		
(*Organization*)	Biology	Organical Sciences.
Final Cause		
Instinct		
Emotion	Psychology	
Thought		
Historical Causation	Geology	Palætiological Sciences.
	Distribution of Plants and Animals	
	Glossology	
	Ethnography	
First Cause	Natural Theology.	

図7.1 ヒューウェルによる学問分類（Whewell 1840）
ヒューウェルは当時の諸科学の分類体系を提示した．彼の学問分類体系の中では，類似度によって対象を分類する「分類科学」と「古因科学」とは峻別されて，別カテゴリーに分けられている．

けではない．昔の芸術や業績，風俗や言語，山脈や岩石の形成，海底で堆積した化石を押し上げる地層の隆起もその範囲に属する．これらの研究は，現在得られる証拠に基づいて過去の状態に遡るという共通点によって互いに結び付けられている．（Whewell 1837, 帰納科学の歴史・第3巻, pp.397-398）

　ダーウィンと同時代に生きたヒューウェルは反進化論者だったので，進化学や系統学は彼の古因科学のカテゴリーには含まれていない．しかし，彼の定義に従えば，それらは明らかに古因科学に属する学問とみなされるべきだろう．現在では，ヒューウェルの学問分類体系それ自身はもはや忘れ去られている．実際，単語としての「古因学」（palætiology）はすでに死語となっている．ヒューウェルは，対象物の記載とその類似性（likeness）に基づく分類を目指す分類科学に対し，歴史的因果を研究する古因科学をそれとは別カテゴリーに置いた．この両カテゴリーはそれぞれ「分類思考（group-thinking）」と「系統樹思考（tree-thinking）」に対応している（O'Hara 1988; 三中 2006, 2009）．分類思考に基づく分類科学と系統樹思考に基づく古因科学を対置することにより，対象物の種類（生物・言語・民俗など）にかかわらず，それらの多様性と変遷を体系化するときの基本方針には，性格が大きく異なる二つの考え方があることが明確になった．

　分類学と系統学ではその根底を流れるロジックを語る「ことば」がもともと異なっている．それは両者の間での思考法のちがいとみなせるだろう．以下では，分類思考と系統樹思考とを対置させることにより，それぞれの特徴をより詳しく論じることにする．

7.2　分類思考：形而上学的パターン認知

　歴史家ベネデット・クローチェ（Benedetto Croce）は今から一世紀以上も前に，生物分類学とはいかなる性格をもつ学問なのかについて次のように喝破している：

　　たとえば，動物学はこの猫とかあの馬というように個々の事実を扱うので

7.2 分類思考：形而上学的パターン認知

はなく，ネコおよびウマという〔類としての〕事実を扱うのである．それは動物の国のもろもろの個体を種と類に系統化することによって，事物の分類とその本性の探究のための端緒を与えるのであって，これを他の諸科学はさらに進めて，動物の諸種から動物なるものの概念にまで，そしてこれから生物といういっそう一般的な概念にまでさかのぼっていく．
(1894：上村 2009，80〜81ページ)

つまり，クローチェの見解では，分類学とはもともと個体の集まりである「種」や「類」がどのような普遍的性質を持つかを論じる学問と性格づけられている．とすると，彼が想定する「種」や「類」，すなわち分類学者が一般的に用いる「分類群 (taxon)」とはいかなる存在であるのか，それはどのように定義されるのかという疑問が浮上してくる．

私たちは日常的に「種類」ということばになじんでいる．それと同様に，「種 (species)」という概念もまた直感的に受け入れられる基盤がある．「同種」とか「異種」という表現によって人が何を言おうとしているかを私たちは確かに理解できる．しかし，生物学者は何世紀もの間，まさにこの「種とは何か」——以下では「種問題 (the species problem)」と呼ぶ——という問題に取り組んできたが，いまだに解決の見通しは立っていないのが実情だ．

生きものの「種」という集合ははたして実在するのだろうか．それが実在するとしたら，どのような判定基準で「種」は見分けられるのか．あるいは，「種」は自然界には実在しない虚構ではないのか．もしそうであるならば，生物多様性のパターンはどのように整理できるのか．

多くの自然科学者にとって，形而上学 (metaphysics) という言葉はいい意味では受け取られていない．しかし，生物多様性を研究する生物体系学 (systematics) にとって，形而上学は実は日常的に直面する問題であることをまずはじめに指摘しておかねばならない．本章の主題となる疑問は，まさに正しい意味で「形而上学」的な問いかけだからである．

ここでいう「種」とは現実の生きものに関わることがらであるから，もちろん生物学的な研究対象である．にもかかわらず，その設問が形而上学的とはどういうことか．その答えは単純である．ギリシア時代に源を発し，中世にいた

る形而上学の正統は「存在物」の様相に関する議論にあった．そのことを考えるならば，「種」という存在がいかなるものであるのかを論じることは，当の研究者たちがそれを認識するしないにかかわらず，彼らが忌み嫌っていたかもしれない形而上学の領域に深く踏み込んでいることは確かである．

誰もが知っているように，「生物多様性」は今の時代のキーワードの一つである．皮肉なことに，その生物多様性を構成すると考えられてきた「種」の正体を探るためには，われわれはいま一度この形而上学の問題に立ち返らなければならないだろう．「種とは何か？」という問題は，現代に生きるわれわれのみならず，ダーウィンの時代にあっても重大だった．

「種」の問題を論じるに先立って，生物体系学がたどってきた歴史を振り返っておこう（Ereshefsky 2001）．生物分類の源流はギリシアのアリストテレスにまでさかのぼることができる．分類と命名の規則を定式化したのは，18世紀のスウェーデンの植物学者カール・フォン・リンネ（Carl von Linné）である．彼の主著『自然の体系（*Systema Naturae*）』（第10版，1758年）は近代分類学の基礎となった．

リンネが活躍した時代は，もちろん進化的思考が広まる以前だったので，彼自身にとって分類された個々の生物種は神が個別に創造した不変の実在であり，それらの種から構築される分類体系を構築することは創造主のプランを明らかにすることにほかならなかった．言うまでもなく，リンネは「種」を自然界に実在するものとみなす実在論（realism）に組していた．

すべての生物種が個別に創造されたとみなす実在論的立場は，進化的思考とは真っ正面から衝突してしまう．ダーウィンが生物進化の理論を育て始めた19世紀前半の時代は，まだキリスト教の教義が力を有していて，生物分類においてもリンネ的な実在論が残存していた．

確かに，種・属・科・目というようなランクによって階層的に整理されるリンネ式の分類体系はたいへん使いやすい．階層分類という体系化の手法がわれわれ人間にとって実用的であることの証でもある．しかし，ダーウィンにとっての「種」をめぐる問題は，進化的な立場のもとで，「種」に負わされてきた実在論的な形而上学スタンスをいかにして懐柔するかということだった．

実在論に対置される形而上学見解は唯名論（nominalism）と呼ばれている．

7.2 分類思考：形而上学的パターン認知　147

ダーウィンが実在論的な——それゆえ反進化論的な——「種」概念に立ち向かうときに手にした武器はこの唯名論だった．

ダーウィンは『人間の進化と性淘汰』（1999年：原書1871年）の中で，次のようなたとえ話をする．家屋が集まって建っている地域があるとき，そのような「集落」が実在することを否定することは誰にもできないだろう．しかし，その「集落」が「村」であるのか，それとも「町」なのか，あるいは「市」なのかは恣意的にしか決まらない（政策的な基準は別として）．ダーウィンのたとえ話は，種・属・科・目のような異なるランクの分類カテゴリーのどれを適用するかは恣意的にしか決められないことを説得的に示している．つまり，ある生物の集団がそこにあること——もっと一般化すれば，生物界の中に分類学的な意味での「群」（すなわち「集落」）が認知できるのは確かであっても，その「群」に対してどのようなランクのカテゴリーを適用するかは主観的にしか定められないということである．

ダーウィンは，この問題に対して，自然界における生物集団の実在性を認めつつも，それに対してどのような分類ランク（カテゴリー）を割り当てるかに関しては唯名論の立場から切り崩しを図ったことになる．

「種カテゴリー」とはある基準を満たす「種」の集まりである．たとえば，生物集団間の生殖隔離を基準として判定される「生物学的種概念（biological species concept）」は代表的な種カテゴリーの例である．1997年に書かれた総説によれば，現在までに提唱されている種カテゴリーの定義（種概念）の総数は，生物学的種概念を含めて二十数個にものぼるという（Mayden 1997）．これだけ多くの種概念があれば，それぞれの種概念のよしあしをめぐる論争がいつまでも続くことになる．それでも，種概念の論議は形而上学的に見ればまだましといえる．なぜなら，そもそも種カテゴリーはある判定条件を満たす「種」の集合であるのだから，判定条件の良否を比べればすむことだからである．この意味で，「種カテゴリーとは何か？」という問題は，けっして解決しやすくはないが，取り組みやすい．

しかし，種カテゴリーの要素である個々の「種」すなわち「種タクソン」をめぐっては，さらにやっかいな形而上学的問題が待ち構えている．たとえば，われわれ「ヒト」は「*Homo sapiens*」と命名される種タクソンである．では，

「ヒト」とはいったい何だろうか．これは掛け値なしの超難問である．一般に，「種タクソンとは何か？」という問題は，「種カテゴリーとは何か？」という問題に比べてはるかに難しい．

ダーウィンが挙げた「集落」のたとえ話にもどろう．家屋からなる集落の存在が人間によって認知されることは確かだろう．認知されたからといって，その実在性の問題が解決されたわけではない．集落がそこにあることがわかったとしても，その集落の「境界」がクリアに定められるとはかぎらない．それと同様に，「種タクソン」の「境界」を見いだすことは，たとえわれわれが「ヒト」という集団が「ある」と確信しているとしても，必ずしも容易な作業ではない．

集落の規模を「村」と呼ぶか「市」と呼ぶかはひとえに行政上の「定義」を与えればすむことである．たとえば，居住人口による線引きをしさえすれば，集落のカテゴリー（ランク）の割り振りは機械的にできることになる．しかし，認知されたタクソンとしての「集落」なるものがそもそもどういう実体であるのかはカテゴリーの定義とは別問題である．「集落カテゴリー」の定義の中では，「集落タクソン」は無定義の原始仮定として与えれば十分であり，その定義をする必要はないからである．一般に集合を定義するためにその要素を前もって定義する必要はない．

それとまったく同じ問題が，「種タクソン」と「種カテゴリー」をめぐって生じる．ある種タクソンを定義することそれ自体が妥当なのかどうかがここで問題となる．種カテゴリーのようにある定義を満足する集合（クラス）として種タクソンをも定義しようという見解が一方である．それは，種タクソンは「生物個体（organism）」を要素とする集合とみなす立場である．一見この見解は受容したくなる．しかし，ある条件を満たすように種タクソンを定義しようとしたとたん，リンネ的な実在論がいきなり降臨して，その種タクソンはもはや進化できなくなる．すなわち，帰属性の必要十分条件としての本質的性質を要素（生物個体）がもつかどうかによって集合としての「種タクソン」を定義しようとする本質主義的立場は進化的な思考と正面衝突する（生物進化と本質主義との関係については ソーバー 2009を参照のこと）．

種タクソンを唯名論の立場から擁護しようしたのが，マイケル・ギゼリン

(Micheal T. Ghiselin) が1960年代末から主張している「種個物説 (species individuality thesis)」である (Ghiselin 1969, 1997). 彼の議論によれば, 種タクソンは個体からなる集合ではなく, 個体を部分として持つ個物 (individual) ということになる. われわれがもつ目や指がからだという全体を構成する部分であるのと同じ意味で, 種タクソンの部分がそれぞれの生物個体であるという考え方だ. 集合と要素の関係ではなく, 全体と部分との関係に関する形而上学は「メレオロジー (mereology)」と呼ばれている (三中 2009).

ギゼリンの説によれば, 確かに種タクソンに関する形而上学的な実在論 (中世の「普遍論争」における立場) を避けながら, 分類学が長年にわたって依拠してきた種タクソンをそのまま保持することができそうだ. なぜなら, 種タクソンが個物であるとしたら, それを定義するという考え自体を当てはめることができないからである. しかも, 個物として存在しているのだから, 種タクソンは「ある」ということになる.

しかし, ギゼリンとは別の考え方もあっていいだろう. それは, 種タクソンは, われわれ人間が生まれつき持っている認知的カテゴリー化という心理作用の産物とみなす立場である (Atran 1990; Gelman 2003). 文化人類学者は過去半世紀にわたって, 世界中に散らばる民族文化における先住民の知識体系として「民俗分類」のもつ特徴を調べ続けてきた. その研究成果を総合すると, われわれ人間はたとえ科学としての生物学に関する知識を持たなかったとしても, 身の回りの生きものをちゃんと階層的に分類し, 命名してきたことがわかる.

近代的な生物分類学は三百年前に生まれたリンネによって定式化され, 二百年前に生まれたダーウィンによって進化学の洗礼を受けたと, 現代のわれわれは考えがちである. しかし, 生きものにかぎらず分類をおこなうことは, 人間であるならばだれもが日常的に実践している認知行為である. このことを考えるならば, 科学としての分類学の基礎となる理論や概念が, ヒトとしての根源的な認知作用とは無縁の構築物であるとみなすことはもともと無理があるだろう.

とくに, 認知的に構築された群 (たとえば自然種 natural kinds はその典型) には不可視的な本質が内部に潜んでいるとみなす「心理的本質主義 (psychological essentialism: Gelman 2003)」は, 生物分類学の長い歴史のそこか

しこに姿を現してきたと指摘されている（Atran 1990）.

たとえ種タクソンや種カテゴリーが実際にはなかったとしても，種問題はヒトがヒトであり続けるかぎり，永久に私たちを虜にして離さないのかもしれない（三中 2009）．もちろん，進化主義的な立場から，そのような悪しき心理的本質主義は「矯正」しさえすればよいではないかという考え方も確かにある．たとえば，生物学哲学者デイヴィド・ハル（David Hull）はこう述べている．

> 私の言いたいのは，ヒトが種に関してどのように異なるとらえ方をしているかはどうでもいいということだ．そんなことはすべて忘れてしまって，進化生物学の観点のみに立脚して種を考えればいいではないか．（1992, p.60）

科学的営為とは「文化的帝国主義」であると言い切るハルは，一般人と科学者が異なる概念体系・理論枠をもつことの積極的意義を認めた上で，「種問題」もまた進化生物学という一つの科学によって常識を打ち破る事例とみなせばいいのだと言う．

> 科学者が一般に受け入れられている信念とは異なる結論に達したとき，彼らはためらうことなくその"常識"を打破しようとする．科学者は文化的帝国主義者なのだ．通文化的（cross-cultural）対応がなかったとしても彼らの信念はいささかも揺るがない．もちろん，大半の一般人は種が進化するとか空間が曲がっているとは信じていない．しかし，まちがっているのは彼ら一般人の方だ．生物界をその属性の階層的配列によって分類するという強い先天的性向があったとしても，それはまちがっていることがありえる．科学者は自らの見解ができるだけ広く信じられるようになることを願っているが，通文化的な普遍性はかれらの信念が真実であること（あるいは"正しいこと"）にとって何の脅威にもなりはしない．知識と理解力のない一般人の信念などどうでもいいではないか．（1992, p.65）

ハルの主張をそのまま受け入れるならば，科学的に「正しい」種がどのようなものであれ，「種問題」に対して進化生物学的な決着がつく日は間近いという期待をもつ読者がいても不思議はないだろう．

7.2 分類思考：形而上学的パターン認知　151

しかし，その一方で，「文化的帝国主義者」である科学者もまたヒトであることにはちがいがない．彼らはヒトとしてこの世に生を受け，科学者となるまでのふつうの人生を送ってきたはずだ．発生心理学者スーザン・ジェルマン（Susan A. Gelman）は，進化生物学的観点の習得がヒトとしての先天的性向を洗い流せるという楽観論をきつく戒めている．進化的観点を受け入れることそれ自体が多くの一般人にとっては困難ではないかと彼女は指摘する．

> 進化理論は素朴理論に対する理性の勝利であるとみなされるかもしれない．しかし，ここでの問題点は，生物学を知らない大半のおとなは進化理論の基本概念を理解することがほとんどできないのではないかということだ．進化の概念が複雑すぎるとか，進化の証拠の背後にある科学的方法がわからないとか，あるいは進化研究が専門的すぎることが問題なのではない．もっと基本的なこと，たとえば，種内には変異があるとか，ある種の全個体に共通する属性はないとか，"人種"というヒトの群は実在しないという点が彼らには理解できないということだ．（2003, p.295）

> われわれがダーウィン進化理論に出会って真の意味で理論転換を経験することがある．しかし，そのときでさえ，多くのおとなは進化論とは矛盾する本質主義的仮定をけっしてすべて捨て去るわけではないだろう．（2003, p.141）

ハルは進化学の知見に則って教育し直せばいいではないかという楽観論に立つ．これに対して，ジェルマンは進化的な教育効果は思ったほど期待できないだろうという悲観論を述べる．分類学史を振り返るとき，専門的な研究を積んできた分類学者でさえ認知心理的な分類性向の桎梏から免れることはできなかった．そして，そのような科学史的遺産を継承しつつ現代の分類学は成り立っている．このように考えるならば，一般人はもちろん科学者であったとしても「心理的本質主義」はけっしてたやすく除霊できるわけではない．少なくとも，分類学の概念体系の心理学的な再検討は必要になるだろうと私は考えている．

「種問題」もまたしかり．「種とは何か？」という問題もまた，単に生物学の研究を進めるだけではその根源的な解決はおぼつかないにちがいない．その問

題は，われわれ人間が生物多様性を見つめるときの視点そのものの進化的由来と文化的文脈に関わってくるからである．生きものの「種」は確かに生物学の対象である．しかし，「種問題」のルーツは生物学を越えたもっと深いところ，すなわち認知心理学と形而上学まで踏み込んだ領域にある．

7.3　系統樹思考：アブダクションによる推論

　生物学においては，かつては，狭い意味での分類学者か一部の形態学者しか「系統樹」を扱わなかった．しかし，分子データが広範に利用できる今では，系統樹ユーザーの裾野はどんどん広がっていて，進化生態学・発生生物学・生物地理学・集団遺伝学など生物科学のほとんどの研究領域の雑誌に系統樹が登場するようになった．

　系統樹は系統関係を表現するための「ことば」である．そこで，まずはじめに，どのような構造をもつことばであるかを知ることが，系統樹リテラシーを身につける第一歩だろう．図7.2に示したのは，典型的な系統樹の二型である有根系統樹（rooted tree：左側）と無根系統樹（unrooted tree：右側）である．有根系統樹の枝の末端に位置する黒丸（●）で示された端点（terminal node）は実在する生物個体を表し，そこには観察された形質情報（たとえば分子配列データ）が付与される．一方，枝の分岐点に位置する白丸（○）で示される内点（internal node）は仮想共通祖先を表し，その形質状態は端点の観察された形質状態から推定される．

　有根系統樹の枝は仮想祖先と実在子孫とを結び付ける由来関係を表すと考えてもよいが，祖先はあくまでも仮想的にすぎないので，むしろ，ある共通祖先に由来する複数の実在子孫が互いに姉妹関係（単系統群）にあることを表示しているとみなした方がよい．というのも，系統推定の結果によってはある枝の長さがゼロとなり，見かけ上，端点どうしが枝で結ばれることがある．しかし，それはあくまでも与えられたデータのもとでは，その枝の上で形質変化がないなどの理由により枝長がゼロになったのであり，一方の端点が他方の端点と直接的な祖先子孫関係で結ばれているわけではないからだ．

　有根系統樹の根（root）は外群（outgroup）によって設定されることがほと

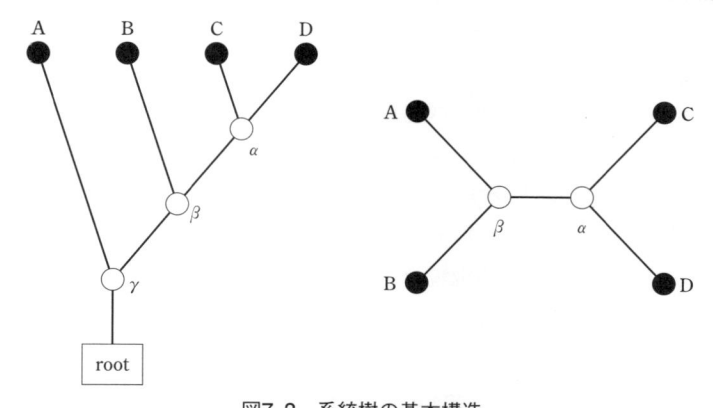

図7.2 系統樹の基本構造
有根系統樹（左）と無根系統樹（右）の模式図. 本文参照.

んどである．この根を除去すると，有根系統樹は無根系統樹に変換される．ある有根系統樹はただ一つの無根系統樹に変換されるが，ある無根系統樹のどの枝に根を付けるかによって複数の有根系統樹が派生する．無根系統樹の内部枝は端点集合の分割（partition）を表示している．すなわち，ある内部枝を除去することにより，端点集合は2分割される．

ダーウィンの『種の起源』はその出版の翌年1860年には早くもドイツ語訳が出版された．その翻訳者であるハインリヒ・ゲオルク・ブロン（Heinrich Georg Bronn 1800〜1862）は当時のドイツでは有名な古生物学者だった．彼の死後，この国の進化学を推進したのはエルンスト・ヘッケル（Ernst Haeckel 1834〜1919）だった．彼の最初の著作『生物の一般形態学（*Generelle Morphologie der Organismen*)』（1866）は，当時のダーウィン進化論に依拠しつつ，地球上の動植物すべてにわたる壮大な系統樹が折込み図版としてはさみ込まれていた．しかし，生物多様性とその進化に関する当時の知見は現在とはくらべものにならないほど乏しかったので，ヘッケルの系統樹は想像と憶測の産物であるとのちに非難されるようになった．

けれども，系統推定とはそもそも「真実」の系統樹を発見することを目的とはしていない．われわれは，データから結論にいたる論証様式といえば，演繹（deduction）かあるいは帰納（induction）しか思い浮かばないことが多い．い

ずれも，特定の仮説の真偽の証明を目指す論証様式である．しかし，系統推定における論証は演繹でも帰納でもない．それは，19世紀アメリカの哲学者チャールズ・サンダース・パース（Charles Sanders Peirce 1839～1914）が提唱したアブダクション（abduction）がもっともふさわしいだろう．

アブダクションとは「最良の説明への推論」と呼ばれることもあるように（オカーシャ 2009），与えられたデータのもとで対立仮説群の間で説明のよしあしを比較した上で，ベストの仮説を選ぶという論証様式である．アブダクションによる推論では，選ばれた仮説の真偽は問題ではない．あくまでもその時点で得られたデータのもとで，いずれの仮説が最良であるかだけを論じる．第三の推論様式としてのこのアブダクションは，データがもつ証拠としての意味を重視し，データが対立仮説それぞれに対して相対的に与える支持の程度を比較検討する．

推論プロセスとしてのアブダクションのしくみを具体的に書き下すと次のようになる（Walton 2004）：

① データDがある．
② ある仮説HはデータDを説明できる．
③ H以外のすべての対立仮説H'はHほどうまくDを説明できない．
④ したがって，仮説Hを受け入れる．

アブダクションと他の推論様式（演繹と帰納）とのちがいは明白である．演繹と帰納は，ある意味で対極的な推論様式だが，それぞれの仮説の真偽を判定するという点ではちがいがない．一方，アブダクションは，他の対立仮説との相対的比較すなわち競争が要求されるという点で決定的なちがいがある．与えられたデータのもとでの仮説間の競争は，アブダクションは終わりのない推測の連鎖であることを意味する．新しいデータが付け加わったり，あるいは新たにつくられた対立仮説と比較したりすることにより，これまでの推測が覆される可能性はいつでもある．系統樹を推定する作業をアブダクションに基づく推論であるとみなしたとき，われわれはベストの系統樹をどのような判断基準（目的関数）のもとに選択すればよいのかという第一の問題に直面する（具体的な系統推定法についてはたとえば三中1997を，また系統推定論の抱える科学哲学

諸問題についてはソーバー 2009, 2010 をそれぞれ参照されたい）．

7.4　ふたつの思考法：メタファーとメトニミーのはざまで

　本節では，分類思考と系統樹思考を修辞学の観点から対比して比較しよう．パトリック・トール（Patrick Tort）は，生物や言語，写本の学史を修辞学（レトリック）の観点から再検討し，その基本構造を「メタファー（隠喩）」と「メトニミー（換喩）」という二つの柱をより所にして読み解こうとする（Tort 1989）．冒頭の章で，トールは，体系学の歴史を論じる上でそのレトリックに注目する理由を次のように説明している．類似（similarité）による体系化はメタファーであるのに対し，血縁（généalogie）による体系化はメトニミーである．そして，分類学の歴史はこのレトリックの両極間の往復を繰り返してきたと彼は言う．

　メタファーによる分類体系化とは，すでに上で触れたように，目に見える表面的な類似性に基づくグループ分けを実行しようという理念にほかならない．それは至近要因に基づく分類であり，類型学（typologie）とも密接な関係がある．では，もう一方のメトニミーによる分類体系化とはいかなるものだろうか．メトニミーとは「部分」を示すことで「全体」を表現する修辞法である．重要な点は，「部分」は可視的であっても，それが指示する「全体」は不可視であるということだ．つまり，メトニミーによる分類体系化とは，隠された根源的「全体」によって，表層に見える「部分」を分けようとする分類の理念であると言えるだろう．ここでいう「隠された全体」とは，対象物がたどってきた系譜・血縁すなわち歴史であるとトールはみなしている．

　歴史学者カルロ・ギンズブルグ（Carlo Ginzburg）は断片的情報から全体としてのストーリーを構築する能力をいかにしてヒトが獲得したのかを次のように推論している：

　　何千年ものあいだ，人間は猟師であった．数限りなく追跡を繰り返すなかで，かれは姿の見えない獲物の形姿と動きを，泥土に残された足跡，折れた木の枝，糞の玉，一房の頭の毛，引っかかって落ちた羽根，消えずに漂

っている臭いなどから復元するすべを習得してきた．この〔狩猟型の〕知を特色づけているのは，一見したところでは取るに足りないように見える実地の経験に基づくデータから，直接には経験することのできないひとつの総体的な現実にまでさかのぼっていくことのできる能力である．(1986：訳文は上村 2009, 263〜264ページ)

ギンズブルグは続けて言う：

物語という観念自体，猟師たちの社会のなかで，痕跡の解読の経験をつうじて初めて生まれたのであった．今日でもなお狩猟型解読の言語が立脚している比喩——部分と全体，結果と原因——がいずれも換喩〔メトニミー〕という散文軸にまとめることのできるものばかりであって，隠喩〔メタファー〕を厳しく排斥しているという事実は，この仮説を裏付けてくれるのではなかろうか．猟師こそは「ストーリーを物語る」ことをした最初の者であったにちがいないのである．(1986：訳文は上村 2009, 264ページ；〔 〕内は三中補足)

すなわち，メトニミーによる思考とは，断片的知見を集積して一貫した全体的ストーリーを復元する思考様式——彼はそれを「un paradigma indiziario（徴候解読型パラダイム）」と呼ぶ——と主張する．その起源は人間社会のルーツにまでさかのぼれるだろうと彼は考えている．ここでメトニミー的に復元される全体的ストーリーとは，アブダクションによる最良の仮説の推論にほかならない．メトニミーという修辞法とアブダクションという推論様式がこのように関連づけられるとしたらとても興味深い．

メタファー的な体系化とメトニミー的な体系化は，それぞれ「分類思考」と「系統樹思考」にうまく当てはまるように見える．分類思考とはある時空平面で歴史を切断したときに見える"断面"の分類パターン認知であるのに対し，系統樹思考はその"断面"で得られたデータに基づいて系統関係を推定する作業であるからだ．分類思考における群（タクソン）の認知は可視的な類似度に基づき，系統樹思考の問題設定は背後に隠れた歴史の推論にある（図7.3）．

この二組の対比についてさらに考察する．系統樹思考と分類思考という二つ

7.4 ふたつの思考法：メタファーとメトニミーのはざまで

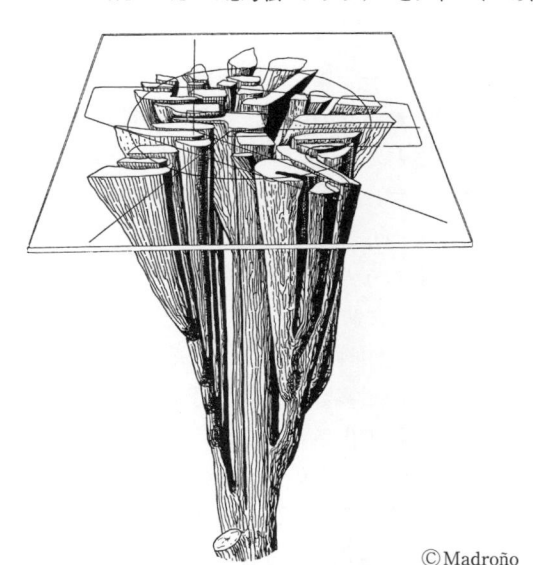

©Madroño

図7.3 系統と分類との概念的関係（Rodríguez 1950）
植物分類学者チャールズ・ベッシー（Charles E. Bessey）による顕花植物の二次元マップによる分類体系の事例から一般化し，ロドリゲスは分類体系とは系統樹の時空的切断面にほかならないことを図をもって示した（Bessey 1915）．

の思考法のもつ基本的性格のちがいを理解するために，次のような対置図式を立てることにしよう：

　　分類科学＝分類思考＝メタファー＝集合／要素＝認知カテゴリー化
　　　↕
　　古因科学＝系統樹思考＝メトニミー＝全体／部分＝比較法（アブダクション）

ヒューウェルの言う「分類科学」とは，彼の定義では「類似性」の科学である．何らかの基準で互いに似ている対象物を一つのグループにまとめることは，われわれヒトが原初的にもっている認知カテゴリー化の心理能力が行なってきた行為である．プロトタイプ効果によるグループ生成とそれに続く心理的本質主義によるグループの本質化は，分類科学がもつわれわれヒトにとっての根源

的性格を明らかにする．一方，異なる対象物を類似性に基づいて結びつけることは修辞学でいうメタファー（隠喩）に相当する．そして，対象物間の全体としての類似性が導きだされるためには，対象物の間に複数の属性についての共通性があることが期待される．そのような属性をもつ対象物からなる集合が，分類科学が求めるグループにほかならない．

一方，ヒューウェルのつくった「古因科学」という学問群は「歴史的因果」の科学である．生物であろうが言語であろうが，われわれはそれらの対象物がたどってきた歴史（系譜）に関心をもつ．現在入手できる知見に基づいて歴史を復元しようと試みるとき，科学史の上では系統学だけでなくそれに先行する比較文献学や歴史言語学など複数の学問分野にまたがって「比較法」という共通のよく似た推定方法が編み出されてきた．この比較法の根幹は断片的に残存するデータ（資料）に基づいて，歴史全体を構築するアブダクションにほかならない．しかも，その推論の背後には，時空的に散在する対象物は未知の「系譜」という全体を構成する部分であるというメレオロジーの仮定が暗黙のうちに置かれている．それは，系譜という不可視の存在により存在物を結びつける修辞法すなわちメトニミーとみなされる．

まとめれば，分類科学の三つの特徴は類似性，メタファー，集合論であるのに対し，古因科学の特徴を対応させれば系譜性，メトニミー，メレオロジーということになる．そして，分類科学と古因科学のそれぞれを支えている系統樹思考と分類思考では，その根底を流れる「世界観」とそれを語る「ことば」がもともと異なっている．それはわれわれ人間が外界を理解するときにどちらも必要な，それでいて根本的に異なる二つの思考法とみなせるだろう．

7.5 おわりに：系統樹の図像学と形而上学

ヒューウェルが「分類科学」とは別の「古因科学」という学問分類のカテゴリーをつくったとき，自然科学・人文科学の枠を越えた歴史構築のための共通の方法論の存在が彼の念頭にあったにちがいない．彼が挙げている地質学・生物分布・語源学・民俗学は確かに系統樹思考が適切に作用する対象物であることはまちがいない．

7.5 おわりに：系統樹の図像学と形而上学

　ヒューウェルの古因科学と同様の用語を歴史哲学者アヴィエゼル・タッカー（Aviezer Tucker）は提唱している（Tucker 2004）．彼は，「歴史記述的科学（historiographic sciences）」というカテゴリーを設け，そこに聖書文献学（biblical criticism）・古典文献学（classical philology）・比較言語学（comparative linguistics）そして進化生物学を含めている．

　タッカーの歴史記述的科学の特徴は下記の二点である：①結果が類似していれば，その情報に基づいてそれらの共通原因をたどる；②その共通原因と結果とを結びつける中間過程を復元する．つまり，過去の共通原因を構築した上で，それと現在の結果とを結ぶ歴史過程を復元することが，彼の言う歴史記述的科学の性格だということだ．上で論じてきた通り，この復元はアブダクションによって実行される．

　タッカーの提唱する重要な論点は，進化生物学における歴史記述の方法論は，それに先行する学問から持ちこまれたものだという主張である．要するに，生物の系統樹を推定する方法はすでに他の分野で確立されていたということだ．確かに，タッカーが挙げている文献学や言語学では，ダーウィン進化論が広まる以前から，写本系図（stemma codicum）や言語系統が描かれてきた．データから推論するための方法論が複数の学問分野で共通したり，場合によっては独立して開発されてきたりしたことが，歴史記述的科学（古因科学）では明らかに見られる．

　しかし，この分野間の共通性（並行性）は単に方法論だけには留まらない．そもそも由来関係や系譜関係を表現する手段としての「樹」のもつ図像学的な背景を探ってみると，現在のわれわれが想像する以上にその根が深いところにあることがわかる．

　たとえば，マリー・ブーケ（Mary Bouquet）は，ダーウィンやヘッケルが生物の系統樹を描いたとき，その文化史的基盤として西欧社会に伝承されてきた家系図あるいは宗教的な「エッサイの樹（arbre de Jesse）」さらに「文献系図（stemma codicum）」があるにちがいないと指摘している（Bouquet 1996）．キリスト教の聖人たちあるいは神話の神々たちの系譜を「樹」として描くようになったのは12世紀以降のことだった．しかし，社会の中での家系図の使用ははるかに古い．クリスティアーヌ・クラピシュ・ズベール（Klapisch-Zuber）によると，

ヨーロッパにおける最古の家系図（arbor iuris あるいは arbor consanguinitatis）は9世紀にまでさかのぼれるという．イスラム圏に目を向ければさらに古くから王家の詳細な家系図が記録されてきた（Klapisch-Zuber 2000）．

　図像としてのあるいは図形言語としての「系統樹」は，おそらく歴史記述的科学（古因科学）が学問として形をなすよりもずっと前から，人間社会の中で用いられてきたのだろうと推測される．分類思考ほどではないにせよ，系統樹思考もまた長い歴史のなかでわれわれとともにあったのだろう．

引用文献

Atran, S. (1990) *Cognitive Foundations of Natural History : Towards an Anthropology of Science*, Cambridge University Press, Cambridge.
Bessey, C. E. (1915) "The phylogenetic taxonomy of flowering plants", *Annals of the Missouri Botanical Garden* 2: 109-164.
Bouquet, M. (1996) "Family trees and their affinities: The visual imperative of the genealogical diagram", *Journal of the Royal Anthropological Institute of London* (N. S.) 2: 43-66.
チャールズ・ダーウィン（1999）「人間の進化と性淘汰」長谷川眞理子訳，文一総合出版，東京
チャールズ・ダーウィン（2009）「種の起源」渡辺政隆訳，光文社，東京
Ereshefsky, M. (2001) *The Poverty of the Linnaean Hierarchy: A Philosophical Study of Biological Taxonomy*, Cambridge University Press, Cambridge.
Gelman, S. A. (2003) *The Essential Child : Origins of Essentialism in Everyday Thought*, Oxford University Press, New York.
Ghiselin, M. T. (1969) *The Triumph of the Darwinian Method*, University of California Press, Berkeley.
Ghiselin, M. T. (1997) *Metaphysics and the Origin of Species*, State University of new York Press, New York.
Ginzburg, C. (1986) *Miti, emblemi, spie: morphologia e storia*, Giulio Einaudi editore, Torino.（「神話・寓意・徴候」（1988）竹山博英訳，せりか書房，東京）
Haeckel, E. (1866) *Generelle Morphologie der Organisimen*. Georg Reimer, Berlin.

Hull, D. L. (1992) Biological species: an inductivist's nightmare, pp.42-68, M. Douglas and D. Hull (eds.), *How Classification Works: Nelson Goodman among the Social Sciences*, Edinburgh University Press, Edinburgh.
Klapisch-Zuber, C. (2000) *L'ombre des ancêtres : essai sur l'imaginairemédi éval de la parenté*, Librairie Arthème Fayard, Paris.
Linné, C. von (1758) *Systema Naturae, 10th edition*, Theodorum Haak, Leyden.
Mayden, R. L. (1997) A hierarchy of species concepts: The denouement in the saga of the species problem, pp.381-424, M. F. Claridge, H. A. Dawah, and M. R. Wilson (eds.), *Species: The Units of Biodiversity*, Chapman & Hall, London.
三中信宏（1997）「生物系統学」，東京大学出版会，東京．
三中信宏（2006）「系統樹思考の世界：すべてはツリーとともに」，講談社，東京．
三中信宏（2009）「分類思考の世界：「種」よ安らかに眠りたまえ」，講談社，東京．
サミール・オカーシャ（2008）「1冊でわかる科学哲学」廣瀬覚訳，岩波書店，東京．
O'Hara, R. J. (1988) "Homage to Clio, or, toward an historical philosophy for evolutionary biology", *Systematic Zoology* 37: 142-155.
Rodrígues, R. L. (1950) "A graphic representation of Bessey's taxonomic system", *Madroño* 10: 214-218.
エリオット・ソーバー（2009）「進化論の射程：生物学の哲学入門」松本俊吉・網谷祐一・森元良太訳，春秋社，東京．
エリオット・ソーバー（2010）「過去を復元する：最節約原理・進化・推論」三中信宏訳，勁草書房，東京．
Tort, P. (1989) *La raison classificatoire : quinze études*, Aubier, Paris.
Tucker, A. (2004) *Our Knowledge of the Past : A Philosophy of Historiography*, Cambridge University Press, Cambridge.
上村忠男（2009）「現代イタリアの思想をよむ」，平凡社，東京
Walton, D. (2004) *Abductive Reasoning*, The University of Alabama Press, Tuscaloosa.
Whewell, W. (1837) *History of the Inductive Sciences, from the Earliest to the Present Time. 3 Volumes*, John W. Parker, London.
Whewell, W. (1840) *The Philosophy of the Inductive Sciences, Founded upon Their History. 2 Volumes*, John W. Parker, London.

第8章　人間行動の進化的研究：その構造と方法論

◆

中尾　央

　人間行動の進化は実に興味深いテーマである．おそらくこれは私のような研究者だけに当てはまることではないようだ．このテーマについて書かれた本は数多く出版されており，邦訳本に限ってみても，筆者の狭い部屋に置かれた小さな本棚を丸ごと一つ占領せんばかりの勢いである．これだけ膨大なタイトルの本が出版され続けるということは，実際に一般の方々も興味を持って購入されているからかもしれない．筆者自身も学部生の頃以来，このテーマに強く惹かれ続けてきており，こうした状況は非常に喜ばしいことだと思っている（中には胡散臭い本も出版されていてそれは残念で仕方ないことなのだが）．

　日本で出版される人間行動の進化本は，霊長類研究に関するものを除けば後述する**進化心理学**（evolutionary psychology）という研究プログラムの流れに属するものが多い．これには，他の研究プログラムではあまり一般向けの著作が出版されていないなどいくつかの理由が考えられるのだが，実際には他にも様々な研究プログラムが存在している．もちろん，この短い論考でこれらの研究プログラムすべてを扱うことなどできるわけもない．したがって，本章では人間の行動や心理に関して最も直接的に焦点を当てている三つの研究プログラムに絞って議論を行う．具体的には，先に触れた進化心理学，そして（遺伝子と文化の）**二重継承説**（dual inheritance theory）と**人間行動生態学**（human behavioral ecology）である．また，実際の流れとしては，まず様々な意味でこれら三つの研究プログラムの出発点と見なしうる**人間社会生物学**（human sociobiology）から議論を始め，歴史に沿って考察を進める．

　本章は上記三つの研究プログラムに対して科学哲学の観点からアプローチするものだが，それには（少なくとも）三つのものが考えられる．まず，①科学

研究における理論，研究プログラムの構造や方法論を明らかにし，それらを批判的に検討するというアプローチが考えられる．人間行動の進化的研究，特に進化心理学に対してはこのアプローチを採った論考が非常に多く，またかなり批判的な見解が大半であった（e.g. Buller 2005; Sterelny & Griffiths 1999）．しかし，近年進化心理学を取り巻く議論にも新たな展開が見られ，状況は変化しつつある．また，②科学で実際に取り扱われる様々な概念（たとえば，適応，適応度，進化など）を実際の文脈に即して分析し，それらの意味を明らかにする，というアプローチもある．最後に，③概念的・論理的な整合性に気を配りながら（すなわち，①と②のアプローチにも十分留意しつつ）諸分野での議論を統合するというアプローチが考えられる．たとえば以下で触れるピーター・カラザースの著作などはモジュール集合体仮説（詳細は8.3節を参照）の立場で諸分野の知見を統合するという作業を行っており，このアプローチの好例である（Carruthers 2006）．本章では，③のアプローチを念頭に置きながらも，基本的には①と②のアプローチを採って議論を進めることにする．

8.1 起源：人間社会生物学

　進化論の祖であるチャールズ・ダーウィンに始まり，20世紀半ばには一部の研究者（たとえばノーベル賞を受賞したコンラート・ローレンツ）などによっても人間行動の進化が考察されてきた．だが，人間行動の進化に関する体系的な研究プログラムが最初に立ち上げられるのは，1970年代半ばを待たねばならない．この研究プログラムは**人間社会生物学**（human sociobiology）などと呼ばれ，その中心人物がリチャード・アレグザンダーである（Alexander 1979）[1]．

　人間社会生物学では，**最適化仮説**に基づく人間行動の解釈が試みられた．最適化仮説とは，進化の過程で変異が生じ，長い時間を経れば，各環境の下で可能な形質のうち最適なものが選択されていくというものである．ここで注意し

---

[1]　人間行動の進化的研究といえばE・O・ウィルソン（1975）を思い出す方も少なくないだろう．しかし，アレグザンダーの研究プログラムが（部分的に修正されながらも）人間行動生態学に引き継がれているのに比べ（8.4節参照），ウィルソンの研究プログラムは今日大きな影響力を持っているとは言いがたい．したがって，本章では取り扱わない．

8.1 起源：人間社会生物学　165

なければならないのは，あくまでも（研究対象となっている）生物体が置かれた環境という局所的な制約の中での最適化であって，あらゆる環境で成功するようなモンスターが想定されているわけではない，という点である．人間社会生物学では，このような仮説にしたがって，他の形質と同様に人間の多様な行動も進化の過程で獲得されてきたものであるとすれば，それらもまた最適化されているはずだと考えられたのである．

　もう一点注意すべきなのは，行動が様々な環境で最適化されているとしても，その様々な行動の背後に遺伝的な変異が期待されているわけではないということだ．アマゾン奥地とアフリカのサバンナで狩猟採集を行っている二つの民族がいたとして，彼らの狩猟採集行動が同一のものであるということは考えにくい．両者は環境（地形や気候，あるいは狩りの対象となる生物など）に応じて行動を変化させているだろう．人間社会生物学の想定にしたがうなら，両者は最適化されているかもしれない．しかし，行動が異なるからといって，行動の背後に異なる遺伝メカニズムの存在は想定されていない．

　ここで，そのような行動は意識的になされるのかどうか，あるいはどのような心理メカニズムが想定されているのか，などといった疑問が生じるかもしれない．この疑問に対する人間社会生物学の応答は次のようなものになる．適応度に直接影響を与えるのは心理ではなく行動である．進化の過程を経て形成されてきた以上，背後にどのような心理メカニズムがあったとしても，行動が最適化されていることに変わりはない．心理メカニズムの探求が不要だと考えられたわけではないが，少なくとも，両者は別々に探求できると考えられたのである．

　人間社会生物学でよく取り上げられた研究例としては，婚姻形態を挙げることができる．われわれの婚姻形態は，一夫一妻から多夫多妻まで実に多様である．特殊な形態の一つとしては，アヴァンキュレート（母方叔権制）というものもある．この形態下では，男性が配偶者の子供ではなく，自身の姉や妹の子供により多くの投資を行う．アヴァンキュレートは，男性の父性の確信が低下した場合，すなわち，配偶者の子供が自身の子供であるかどうかがはっきりしない場合に生じることが多い．アレグザンダーの説明によれば，父性の確信が低下するという環境においては，配偶者の子供よりも姉や妹の子供を世話する

方が包括適応度(第1章参照)を上げることにつながるからだ,という (Alexander 1979, pp.168-175, 邦訳 pp.228-237).

1979年には彼に同調した人類学者による論文集も出版され,人間社会生物学は一定の成果を挙げている(Chagnon & Irons 1979).しかし,成立当初より,この研究プログラムは懐疑的な見方をなされることが多かった.たとえば,スティーブン・J・グールドとリチャード・ルウィントンによる適応主義批判などでも,この研究プログラムが仮想敵の一つと見なされている(Gould & Lewontin 1979).人間社会生物学では現在の環境における適応度を問題にしているが,ある形質の適応度が現在の環境で高いからといって,その形質が適応形質(8.3節参照)であるとは限らない.とはいえ,一部の人間社会生物学は厳密な意味での適応形質を探求しているわけではなさそうなので,この批判は人間社会生物学にとって大きな痛手にはならないかもしれない.

80年代に入ると,この研究プログラムに対する風当たりはさらに強くなってくる.まず,われわれの行動の中には適応的とはとても思えない行動がたくさんある.たとえば,ニューギニア島のフォア族に見られた食人慣習が引き起こすクールーという病気は,クロイツフェルト・ヤコブ病と同様の症例をもたらすため,ほぼ確実に死に至る病である.もちろん,クールーの場合は致死的な効果をもたらすため,このような慣習が広まってしまった集団は数を減らして最終的には絶滅してしまうことになりかねない(実際フォア族の人口はクールーのせいでかなり減少した).したがって,現存する行動の多くは適応的なもの,あるいは中立的なものに絞られてくるだろう.だが,だからといって現存する行動が最適化されているとは限らない.人間行動に関しては,制約下で可能な行動のすべてが現実の選択肢として存在しているわけではないし,その選択肢の中には最適化された行動が含まれていない場合がある.実際,アレグザンダーが挙げていたアヴァンキュレートが最適化されていない事を示唆する議論も提示されている(Kitcher 1985; Sterelny & Griffiths 1999).

さらに,もしわれわれの行動が最適化されていたとしても,それを示すのはそう簡単なことではない.ある行動が最適化されていることを示すには,①先に述べた局所的な制約を明らかにし,②その制約の中で可能なあらゆる行動を想定しておく必要がある.たとえば,以前中国の一部で行われていた纏足のよ

うな慣習が最適化されていることを示すためには，制約の中での可能な行動としてどのようなものを想定すれば良いだろうか（Sterelny & Griffiths 1999, p.323, 邦訳 p.260）．では，狩猟採集生活であればどうだろう．彼らの生活では考慮すべき条件もさほど多くはないので，行動が最適化されているかどうかを示せるかもしれない．しかし，残念ながらそうもいかないというのが現状である．狩猟のモデルを構築しようとしても，得られる食料の種類，家族サイズ，狩猟に出かけるメンバーの年齢…と，考慮しなければならない条件が相当なものになってしまう（cf. Cronk, Chagnon, & Irons 2000; Winterhalder & Smith 1992）．

次に，人間社会生物学では最適化された行動を生み出す心理メカニズムがなおざりにされてきたが，やはりここにも批判は向けられる（e.g., Kitcher 1985; Sterelny & Griffiths 1999）．人間行動の場合，行動の背後には複雑な心理メカニズムが存在するのであり，たとえ特定の文化的行動パターンに最適化モデルの適用が成功したとしても，その行動の背後にある心理メカニズムは明らかにならない．たとえば，先述したアヴァンキュレートのような行動がある環境で見られ，それがその環境で最適化された行動であったとしても，人々が環境に応じてアヴァンキュレートを学習したのかどうかは分からない（Sterelny & Griffiths 1999, p.324）．同じ人々が別の環境に置かれた場合にも（その環境では非適応的な行動であるにも関わらず）アヴァンキュレートを維持し続けるかもしれない．実際，一度身に付けた習慣は，他の環境においても継続される場合が少なくない．このように，特定の文化的行動パターンが最適化されていたとしても，背後にある心理メカニズムが特定されなければ，われわれの行動が異なる環境要因に応じて最適化されているという人間社会生物学の主張が正しいかどうかは分からない．さらに，そもそもわれわれの心理メカニズムは，行動を最適化するようにできているのだろうか．われわれは高カロリーの食事を好むが，カロリーの取り過ぎは様々な疾病に繋がりかねない．先のクールーの例ではどうだろうか．致死的な行動を生み出す心理メカニズムとは一体何なのだろうか？　このような例からすると，われわれの心理メカニズムは必ずしも最適化された行動を生み出すようなものではないのかもしれない．

以上のように，人間行動の進化的研究における最初の体系的研究プログラムは，残念ながらかなり否定的な評価を下されてきた．これらの批判を受けて展

開されていったものが，本章冒頭で述べた三つの研究プログラムである．これらは，大きく二つに分けることができる．以下ではまず，人間社会生物学の代案と見なされうる[2] 研究プログラムである二重継承説と進化心理学について論じる．その後，人間社会生物学の基本的主張を継承した人間行動生態学を検討する．

8.2　代案(1)：遺伝子と文化の二重継承説

　本節では遺伝子と文化の二重継承説を扱うが，それとは独立に提唱された文化進化の研究プログラムとしてのミーム論（memetics, e.g., Dawkins 1976）について少しだけ触れておこう．以前は文化進化といえばミーム論，といった時期もあった．このミーム論の中心的な主張は，遺伝子と類比的な文化伝達の単位であるミームという自己複製子を想定し，模倣過程を通じてこのミームが複製されることによって文化が伝達される，というものである．そして，われわれの行動はこのミームの伝播によって説明できるのだという．しかし，現在ミーム論を一つの研究プログラムとして支持する論者は少数派である．その理由はさまざまであるが，たとえば，通常の模倣過程では遺伝子ほど忠実な複製は不可能であるし，忠実な複製が不可能であれば[3]，累積的な進化は生じないかもしれない（e.g., Dawkins 1976）．また，たとえ忠実な複製が可能な場合があったとしても，それは文化進化のごく限られたケースでしかない．したがって，ミーム論が適用できるようなケースは非常に限られてくるかもしれない．もちろん，模倣の単位に与えられる名称としてはある程度有用かもしれないし，ミーム論にも検討に値するポイントがなかったというわけではないだろう．しか

---

[2]　進化心理学は確かに人間社会生物学の研究プログラムに対する代案として登場しているが，厳密に言えば，カヴァリ＝スフォルツァとフェルドマンの仕事そのものは，人間社会生物学に対する代案として始まったわけではない．しかし，ボイドとリチャーソンの仕事（e.g., Boyd & Richerson 1985）は人間社会生物学の代案である事をある程度意識している．さらに，カヴァリ＝スフォルツァらの仕事とボイド達の仕事は異なる部分もあるので，両者を二重継承説という名で一括りにするのは多少乱暴かもしれない．とはいえ，カヴァリ＝スフォルツァらの仕事がボイドらの仕事の先駆けであることは確かなので，便宜上このようなまとめ方を行っておく．
[3]　遺伝子の場合，修復システムの作用を考慮すると100億分の1ほどの確率でしかエラーは生じないようだ．

し，現段階でミーム論という研究プログラムにはそれほど明るい見通しが得られていないというのが現状であり，スペースの都合もあるので本稿ではこれ以上ミーム論には立ち入らない．

では話をもとに戻して，遺伝子と文化の二重継承説を見ていこう．その出発点は，集団遺伝学者のルイジ・ルカ・カヴァリ＝スフォルツァとマーカス・フェルドマンの仕事に遡る (e.g., Cavalli-Sforza & Feldman 1981)．ここで彼らは，集団遺伝学的手法を用いて文化伝達の数理モデルを構築している．1985年には，社会心理学で研究されていたいくつかの模倣バイアス（後述）に基づき，人類学者のロバート・ボイドと生態学者のピーター・リチャーソンがカヴァリ＝スフォルツァらの仕事をさらに発展させた (Boyd & Richerson 1985)．著作の発表時期を見れば分かるように，この二重継承説は後述する進化心理学よりも早い段階で基礎的な仕事がなされている（図8.1）．

遺伝子と文化の二重継承説の基本的な主張は具体的な数理モデルを除けば非常に明瞭なものである．この二重継承説の「二重」という言葉が表しているの

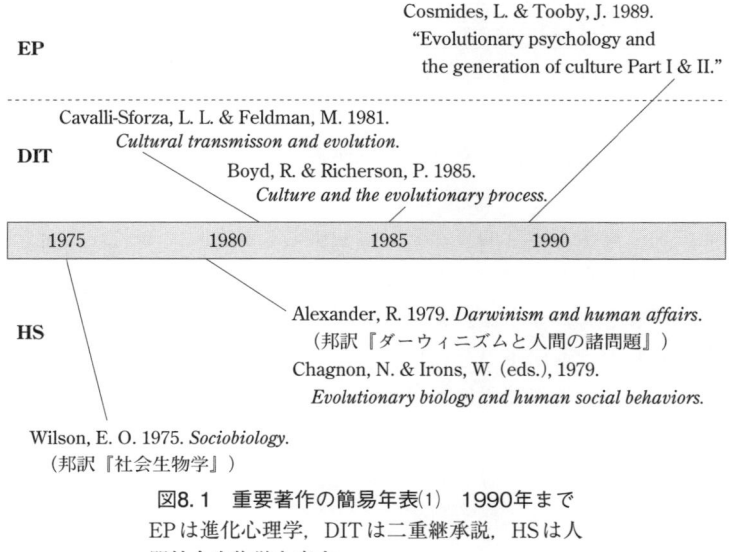

図8.1　重要著作の簡易年表(1)　1990年まで
EPは進化心理学，DITは二重継承説，HSは人間社会生物学を表す．

EP
- Cosmides, L. & Tooby, J. 1989. "Evolutionary psychology and the generation of culture Part I & II."

DIT
- Cavalli-Sforza, L. L. & Feldman, M. 1981. *Cultural transmisson and evolution.*
- Boyd, R. & Richerson, P. 1985. *Culture and the evolutionary process.*

（年表：1975　1980　1985　1990）

HS
- Wilson, E. O. 1975. *Sociobiology.* (邦訳『社会生物学』)
- Alexander, R. 1979. *Darwinism and human affairs.* (邦訳『ダーウィニズムと人間の諸問題』)
- Chagnon, N. & Irons, W. (eds.), 1979. *Evolutionary biology and human social behaviors.*

は遺伝子と文化であるが，文化は遺伝的進化の産物であるというだけでなく，文化が遺伝的進化を促進することもある．このプロセスを可能にする心理メカニズムとして，ボイドやリチャーソンはいくつかの**模倣バイアス**に注目している．たとえば，われわれは自分が所属する集団内部の権威者による行動や，集団内部で多数派になっているような行動を模倣する傾向がある．こういった権威（prestige）／順応（conformity）バイアスなどに基づく模倣が，われわれの文化を説明するというのである．このバイアスに基づく二重継承説の枠組みでは，人間社会生物学の研究プログラムの反例として取り上げたフォア族の食人習慣のような非適応的な行動でも上手く説明することができる．たとえば，こういった非適応的な慣習でさえも，権威者がいったん始めてしまえば権威バイアスによって多くの人が模倣してしまうだろうし，何らかの理由で多くの人が従うようになれば順応バイアスによって広まってしまうだろう．

　二重継承説におけるもう一つの重要な主張は利他行動の進化についてのものである．この点について詳しく述べるスペースはないのだが，ごく簡単にその内容をまとめるなら，次のようになるだろう．たとえば，ボイドとリチャーソンはわれわれの道徳性の一部（たとえばフリーライダー[4]を罰するような傾向）を生得的なものと見なしている．この傾向性は，通常の選択プロセスではなくある種の構造を持った個体群の中で**集団選択**によって進化してきたという（Richerson & Boyd 2005）．この個体群構造は文化によって形成されたものだと考えられており，ここでは，文化の形成が遺伝的進化を促進するという形になっているのである．

　二重継承説に対する哲学的，あるいは基礎的な検討は，後述する進化心理学や人間行動生態学などに比べるとまだまだ少ない．しかし，それでもいくつか重要な議論がなされつつある．まずは先にも述べたように，文化の伝達過程における突然変異率は遺伝子などに比べると高いものであると想定されており，たとえばミーム論のような立場では文化の累積的進化が生じた場合でもそれを説明できない，と主張されてきた．では，模倣バイアスなどに基づく二重継承説がいかにしてこの状況を説明しうるのであろうか．次のような状況を考えて

---

[4] 相手から協力してもらうだけ協力してもらって，自分は何もしないという「ただ乗り者」のこと．

みよう．まず，権威バイアスによってT_2世代の人々全員がT_1世代の成功者を模倣する．この過程では突然変異率も高く，なかなか模倣に成功しないかもしれない．しかし，T_2世代の人々の中にも模倣にある程度成功する人がおり，さらには突然変異としてT_1世代での成功者より優れた行為が誕生する場合もある．そして，T_2世代の人々の中で最も優れた技術が，権威バイアスでT_3世代の人々に模倣され，このプロセスでも前世代と同様の事が繰り返されていくとする．このプロセスが実際に生じれば，たとえ突然変異率が高くても，確かに模倣バイアスのおかげで累積的な進化が可能になるだろう（図8.2）．

しかし，キム・ステレルニーは，権威バイアスや順応バイアスの組み合わせだけでは新奇な文化の蓄積が説明できないと論じている（Sterelny 2006）．と

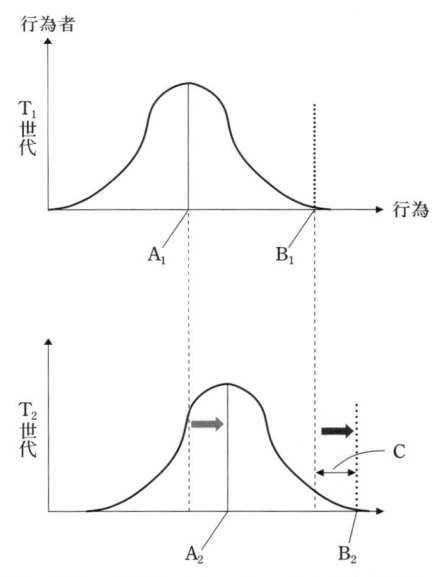

図8.2　横軸は行為の種類を表し，右へ行くほど集団内での成功度は高くなる．縦軸は行為者の頻度を表す．Aはある世代における平均的な成功度を持った行為であり，Bは権威者の行動である（そして，なおかつこの場合は当該世代で最大の成功度を持っている）．権威バイアスによって権威者の行為が模倣され，突然変異によってB_1よりも成功するような行動群Cが次世代に生じるかもしれない．そして，T_3世代ではB_2が模倣されるべき権威となる．

いうのも，成功者の技術がそう簡単に模倣できるとは限らないからだ．たとえば，F1の世界においてミカ・ハッキネンやマイケル・シューマッハは飛び抜けて優れたドライバーであったが，その運転から彼らの技術すべてを理解できるとは限らない．むしろ，技術が高度になれば，表面に現れてくる情報を理解することは難しくなってくるし，模倣は困難になってくるだろう．また，競争の激しい環境では模倣がさらに困難になるかもしれない．アイルトン・セナやアラン・プロストが同じチーム（マクラーレン・ホンダ）で激しい競争を繰り返していた1988-89年，両者（さらにはナイジェル・マンセル，ネルソン・ピケといった他のドライバー）が進んで運転に有利な情報を共有するなど考えられないことであったはずだ．これは若干偏った例ではあるが，狩猟などに話を置き換えてみても，同様の状況は想像に難くない．警戒心の強い動物を狩る際の巧妙な技術を模倣する場合，獲物の量を競い合っている場合など，模倣は困難になるだろう．以上のように，模倣の対象となる技術が高度であったり，技術を巡る競争があったりすると，模倣は必ずしも新奇かつ優れた突然変異を定着させるには十分な条件ではないかもしれない．

　上記のような考察を踏まえ，新奇な技術が蓄積されていくメカニズムとして，ステレルニーは集団内での協力的な情報共有と，模倣やそれ以外の学習メカニズム（個人的な試行錯誤など）などによる混合学習（hybrid learning）を挙げている．たとえば，模倣が行われるにしても，模倣させる側の協力がなければ上手く行えない．ハッキネンが運転方法を直接見せてくれなければ，なかなか彼の運転技術を上手く模倣することもできないのである．さらに，実際文化の伝達が行われる際には，試行錯誤など模倣以外の学習メカニズムも使用されている．もちろん，試行錯誤による学習はボイドやリチャーソンらが度々指摘してきたように，模倣以上のコストを抱えることもある（e.g., Boyd & Richerson 1985; Richerson & Boyd 2005）．F1で使用される車を試行錯誤だけで運転してその技術を習得しようなどという行為は，当然危険極まりない．しかし，先に述べたような協力的環境が構築されていれば，そのコストは十分削減されるだろうし，模倣を補うメカニズムにもなりうるだろう．

　ここまで二重継承説に関する哲学的考察の一例として，主にステレルニーの見解を紹介してきた．ボイドやリチャーソンが考えているほど二重継承説の議

論は広く適用できないとしながらも，彼自身，学習や模倣などが人間行動の進化の説明において重要な役割を果たすと考えていることは確かである（e.g., Sterelny 2003）．こういった立場の哲学者は少なくなく，次節で論じる進化心理学はそうした人々には非常に評判が悪かった（そして，現在もそうである）．では，なぜ評判が悪かったのか，その原因（の一部）を次節で見ていくことにしよう．

8.3 代案(2)：進化心理学

1980年代における人間社会生物学への批判（8.1節）を受け，もう一つの代案が提出された．それが，進化心理学である．進化心理学が大きく注目を集めるようになったのは，最初のアンソロジーである *The adapted mind: Evolutionary psychology and the generation of culture* が出版された1992年以降だが，その基本的主張は80年代後半，ドナルド・サイモンズやジョン・トゥービー，レダ・コスミデスらによって提唱されている（e.g., Cosmides & Tooby 1989）．

進化心理学の一般的な理解は次のようなものだろう．進化心理学者によれば，現在の人間行動を説明するのは過去の環境における**適応形質**としての心理メカニズムである．ある形質に変異が生じ，変異した形質の方がそうでない形質よりもある課題に対して有利であれば，その形質は集団内に広まっていく．これが，適応形質である．たとえば，得られる食料が固い殻の種しかなく，これを食べなければ生きていくことが難しいという課題に直面した場合，その固い殻の種を割って食べられるサイズの嘴を持ったフィンチが変異として生じれば，そのような個体は集団内に広まっていくだろう．ここで注意しなければならないのは，適応形質（adaptation）と適応性（adaptiveness）の違いである．人間社会生物学では，現在生きている人々がそれぞれの環境にどれだけ適した生活を営んでいるかということを，すなわち適応性を研究していた．他方，適応形質はそれが選択された時点で高い適応性を持っていたとしても，時間が経って環境が変化してしまえばその形質が持つ適応性は失われてしまっているかもしれない．進化心理学の立場からすれば，現在の適応性を研究したところで，

それが直接に適応形質の研究へつながることはないということになってしまうのである．

さらに，変異した形質が集団中に広まっていくためには，その形質を有利にする課題がある程度安定して存在し続ける必要があると考えられている．しかし，農業が導入されて以降の人間生活は極めて変動が激しいため[5]，そのような課題は存在しえない．したがって，彼らはヒト属が大きく進化したと考えられている農業開始以前の更新世に注目する．この地質年代は180万年前頃から1万年前ころまで続くが，この時期ヒトは狩猟採集生活を営んでおり，ヒトに特有な適応形質はこの期間に獲得されたものであるとされる．そして，この時期において様々な適応課題を生み出した環境は**進化的適応環境**（environment of evolutionary adaptedness）と呼ばれることもある．

進化の過程では様々な適応課題に対応するため，機能的に特化した形質が選択されてきている．たとえば，耳で画像を見ることはできないし目で音を聴くことはできない．心理メカニズムでも同様に，何らかの機能に特化したものが進化してきたに違いないと彼らは考えた．そして，このようなメカニズムはジェリー・フォーダーの言葉でいう**モジュール**であり（Fodor 1983），われわれの心が進化の過程で作られてきた以上，心はモジュールの集合体になっているはずだというのである（Massive Modularity Hypothesis: MMH，モジュール集合体仮説）．このような機能的に特化した形質の特定は，現在のわれわれが持つ心の機能に関する実験や，過去の環境における適応課題の推測によってなされる．たとえば，コスミデスとトゥービーは，互恵的利他行動と呼ばれる利他行動の一種が進化の過程で維持されてきたのだとすれば，この行動を可能にする心理メカニズムの一つとして，われわれは裏切り者の検知に特化したメカニズムを持っているに違いないと考えた．互恵的利他行動とは，相手に協力してもらったお返しに自分も協力するという協力行動の形態であり，この協力行動においては，裏切られた相手に対しては裏切りで応答するので，裏切り者を検知する心理メカニズムが備わっていなければならない，というわけである[6]

---

[5] たとえば，江戸時代と現在では，たった数百年の間に生活形態が大きく変化してしまっている．
[6] そして，そのメカニズムの存在を，4枚カード問題と呼ばれる課題を用いて示そうとしたのである．

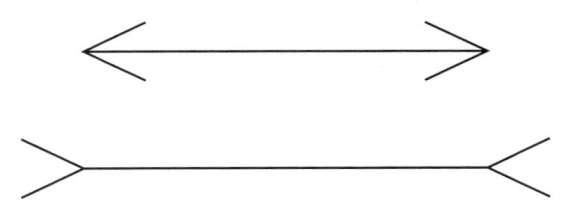

図8.3 ミューラー・リヤー錯視
知られ過ぎた例であるが，やはり興味深いものである．下の直線は上の直線をコピー・ペーストしただけなのだが，この図を作っている最中でも下の方が長く見えてしまった（この文章を書いているときでもそうである）．それでもやはり，図を作成したコンピューターを信じるなら上下の直線は同じ長さなのである．見るだけではつまらないので，一度はご自分で作成されることをお勧めする．

(Cosmides & Tooby 1989).

　上記のように理解された進化心理学に対しては，徹底した批判が行われてきた．まず，そもそもフォーダーの言うモジュールはかなり限定的なもので，視覚や聴覚といったごく一部のメカニズムについてのみ成立しうると考えられていた．彼が想定していたモジュールの性質をいくつか紹介しておこう．彼の定義によれば，モジュールは領域特異性（domain specificity）を持ち，強制的（mandatory）で，情報的に遮蔽されている（informationally encapsulated）といった特徴を持っている．たとえば，視覚に関するモジュールは音を入力条件とみなすことはできない（領域特異性）．さらに，ミューラー・リヤー錯視（図8.3）では，同じ長さの直線だと分かっていても両端に付けられた矢印の向きによって長さが異なって見えてしまう．このように，モジュールは特定の入力情報以外の背景知識に対してアクセスができない（情報遮蔽性）．さらには，一度情報が入力されてしまえばその後の情報処理を止めることはできず，モジュールは強制的に作動してしまう（強制的）．当然ながら，心のすべてがこのようなモジュールで構成されているなどとは当初より誰も想定していなかったことである．われわれの推論メカニズムが強制的なものであるはずもなければ，情報遮蔽的であるはずもない．

　また，更新世における進化的適応環境では安定した適応課題が存在するという主張についても数多くの批判がなされてきている．そもそも，更新世は気温

の変化が激しく，非常に不安定な時期であったことが分かっている（Richerson & Boyd 2005）．このように不安定な環境では安定した適応課題は存在しない，というのである．また，マキャベリ仮説によれば，われわれの知性は競争相手との騙し合いの中で進化してきたものだと考えられている．騙し合いの中では相手の戦略も常に変化するであろうし，やはり，安定した戦略などは考えにくい．したがって，マキャベリ仮説に従うなら安定した適応課題は不可能であろうと主張されている（Sterelny & Griffiths 1999）．

批判はこれだけに止まらないが，紙幅の都合上本章ではこれ以上扱わず[7]，代わりに進化心理学やその支持者達による近年の議論を簡単に紹介しておこう[8]．というのも，それらは以前に比べて修正を加えられ，これまでの批判の一部に回答しうる可能性を持っているように思われるからだ．まず，環境が不安定だからといって適応課題が存在しないとは限らないし，さらには適応形質が獲得されないとは限らない（Machery & Barrett 2006）．先のマキャベリ仮説で言えば，われわれの知性がまさに不安定な環境において得られた適応形質であると言えるだろう．もちろん，不安定な環境でも適応形質が得られる可能性がゼロではないにしても，その可能性がどれほどのものなのかはまだ分からない．

次に，そもそも進化心理学で想定されているモジュールは，フォーダーのモジュールとは異なっている，あるいはそう解釈すべきである．進化心理学におけるモジュールは，進化の過程で得られてきた適応であり，何らかの機能に特化した要素である，というのだ（Barrett & Kurzban 2006; Carruthers 2006）．ここまでは先述した議論と相違ないように思えるが，これらのモジュールは何らかの機能に限定されているとはいえ，フォーダーのモジュールほどに限定的な性質を持っているわけではない．したがって，心のすべてがモジュールであるという主張に関する問題が減じられたことになる[9]．また，機能的特化という観点からモジュールを特徴付けるのであれば，8.2節でも触れたように，社会的学習を可能にする心理メカニズム，すなわち模倣バイアスもまた（ある種の

---

[7] これら以外の批判に興味のある方は，Buller（2005）を当たることをお勧めする．
[8] より詳細な議論については，中尾（2009）を参照のこと．
[9] この点に関しての詳細な議論はCarruthers（2006）を参照のこと．

機能に特化した）モジュールであると見なすことができるだろう（中尾 2009）．

確かに，歴史を振り返ってみれば，進化心理学者がモジュールという言葉を持ち出すときにフォーダーが言うような性質を持ったものだと述べた箇所はほとんどない．とはいえ，自分たちの探求する心理メカニズムはフォーダーが言うところのモジュールである，という表現をしている箇所もあり（Cosmides & Tooby 1989, p.60），進化心理学者の不用意な表現，批判者の若干偏った読みのせいで，モジュールを巡る論争が引き起こされてしまった感がある．また，このような議論は単なる言葉の問題であり，非生産的な議論に過ぎないのではないかと考える向きもあるかもしれない．しかし，さらに非生産的な批判を繰り返さないためにも，このような概念的問題の考察は一定の意義をもつものであろう．

以上，進化心理学に対する批判とそれへの応答をごく簡単に概観してきた．これまで多くの論者が進化心理学に対して懐疑的な議論を行ってきたが，上記のように一部の問題点を修正しつつ，MMH を十分維持可能な主張と見なす論者もいれば（Carruthers 2006），少なくとも発見法としては十分役割を果たしうるという主張する論者もいる（e.g., Machery & Barrett 2006）．これらの議論にも問題がないというわけではないが，その検討は別の機会に回すことにしたい[10]．

8.4 継承：人間行動生態学

1992年は不思議な年であった．*The adapted mind: Evolutionary psychology and the generation of culture* の出版によって進化心理学が大きな注目を集める一方で，同年には人間行動生態学の論文集も出版されている（Winterhalder & Smith 1992, 図8.4も参照）．後者は名前こそ違えども，人間社会生物学の基

---

10) また，進化心理学に関して注意しておかねばならないもう一つのことは，ここまで議論してきた主張が現在「進化心理学」に携わっているすべての人たちに共有されているわけではないということだろう．たとえば，配偶者選択における個人差の遺伝的研究などが近年注目されつつあり（cf. 坂口 2009），配偶者選択に関わる様々な戦略が頻度依存型選択によって維持されているという議論もある．そして，このような研究については好意的な見解も多い（e.g., Buller 2005）．本章では紙幅の都合もあり，これ以上このような研究について触れることはできないが，今後注目に値する動きである．

178　第8章　人間行動の進化的研究：その構造と方法論

EP
Barkow, J., Cosmides, L., & Tooby, J. (eds.), 1992. *The adapted mind.*
Buss, D. (ed.), 2005. *The handbook of evolutionary psychology.*

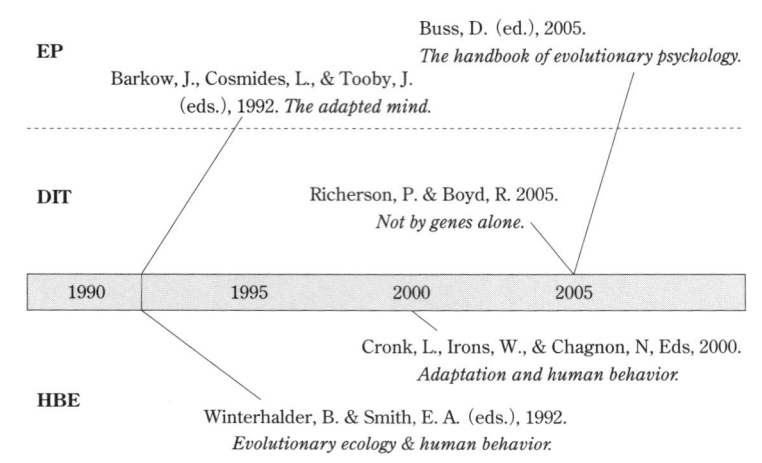

DIT
Richerson, P. & Boyd, R. 2005. *Not by genes alone.*

1990　1995　2000　2005

Cronk, L., Irons, W., & Chagnon, N, Eds, 2000. *Adaptation and human behavior.*

HBE
Winterhalder, B. & Smith, E. A. (eds.), 1992. *Evolutionary ecology & human behavior.*

図8.4　重要著作の簡易年表(2)　1990年以降
EPは進化心理学，DITは二重継承説，HBEは人間行動生態学を表す．

本的な主張を踏襲しており，1992年は代案プログラムと継承プログラムの代表的論文集が同時に登場した年なのである．名称の由来は，行動生態学 (behavioral ecology)[11] からいくつかの新しい理論的道具立てを持ち込んだことから来ているようだ．人間社会生物学と異なるもう一つの点は，研究対象が以前よりもさらに狩猟採集民に限定されたことだろう（もちろん，狩猟採集民以外に関する研究もある）．とはいえ，どうして文化ごとの多様性を探求する際に狩猟採集民が優先的に選ばれるのかはさほど明らかではない．

　人間行動生態学においても人間社会生物学と同様に，多様な人間行動は異なる環境に応じて生み出されたものだと考えられている．この行動はやはり最適化されていると考えられ，説明の際には最適化モデル（先述した互恵的利他行動モデルや最適採餌モデル[12] など）が用いられる．人間社会生物学と異なる点

---

11)　行動生態学で行われる研究は，通常人間以外の動物の行動に関して，最適化仮説に基づいて考察するというものである．もちろん，人間行動生態学を行動生態学の一部として考えることもできる．
12)　食料とそれを得るためのコストとの関係を説明する際に用いられるモデル．たとえば100kcalの果物が目の前の木にたくさんなっていて一分で一個を得ることができ，他方で2000kcalの獲物たった一匹をしとめるために一時間かかってしまう場合を考えてみよう．ここで1分あたりの摂取カロリーを考えると $100/1 = 100 > 2000/60 = 16.6$ となり，（得られる個数などを考慮しても）前者の方が有利な

は，行動生態学から**表現型戦略**（phenotypic gambit）と呼ばれる方法論を採用していることであろう．行動生態学では，行動という表現型が最適化されているかどうかに焦点が当てられる．だが，その行動を生み出す遺伝・生理メカニズムに関しては，行動が最適化されているかどうかには大きな影響を与えないため，ひとまず簡略化したモデルが構築される．そして当該の行動が最適化されていれば，その行動が適応形質であることが示唆される．この表現型戦略は，簡略化されている遺伝メカニズムなどについて集団遺伝学などの他分野から一定の支持を得ており（すなわち，遺伝メカニズムに関する考察を簡略化しても大きな問題がないということが示唆されており），この支持なくしては表現型戦略も正当化できない[13]．いわば，経験的データに基づく帰納的正当化が行われているわけである．

　行動生態学で一定の成功を収めてきたこの戦略は，人間行動生態学でも適用可能だと考えられている（e.g., Winterhalder & Smith 1992）．人間行動生態学では，異なる環境に応じて最適化された行動を生み出せるような心理メカニズム（条件付き戦略 conditional strategy と呼ばれる）が行動の背後に想定されてはいるものの，行動生態学と同様に，この心理メカニズムは行動が最適化されているかどうかには大きな影響を与えないという想定の下で，あくまで表面に現れた行動に注目して，この心理メカニズムの考察は簡略化される[14]．しかし，この議論が上手くいっているかといえば，残念ながらそうではないように思われる．まず，行動生態学と人間行動生態学では簡略化されている対象が異なっており，行動生態学で成功した議論が無条件に人間行動生態学でも成功するとは限らない．次に，現段階で人間行動生態学における表現型戦略を正当化できるような心理メカニズムは何一つ発見されていない．逆に，これまで進化心理学や二重継承説が提唱してきた心理メカニズムは，異なる環境に応じて最適化

戦略であると考えられ，他に代替戦略がなければこの戦略が最適な戦略ということになる．このようなモデルを踏まえ，行動生態学では食物とそれを得るためのコストの関係が分析される．

13) もちろん，ヘテロ超優性（同じ遺伝子座を占める二つの遺伝子A，aがあったとき，ホモ接合体AA，aaよりもヘテロ接合体Aaの方が適応度が高いようなケース）のような例外はあるし，そのような例外を無視しているわけではない．

14) 具体的な研究例は，二種類のアンソロジー（Winterhalder & Smith 1992; Cronk, Chagnon, & Irons 2000）などを参照されたい．様々な狩猟採集民（Hadza, Ache, Mukogodoなど）の婚姻形態や食物共有などが検討されている．

された行動を生み出すようなものではなかった．したがって，人間行動生態学での表現型戦略は残念ながら心理メカニズムの簡略化を支持する証拠が得られておらず，行動生態学の場合と同様の帰納的正当化が行えていないという状況なのである．

表現型戦略が失敗すれば，人間行動生態学と人間社会生物学の相違はほとんどなくなってしまうし，人間社会生物学に向けられてきた批判を克服できていないことになるかもしれない．では，人間行動生態学はもはや無意味な研究プログラムなのであろうか？　しかし，人間行動生態学に好意的な論者は少なくない．たとえば，文化ごとの多様性を明らかにしようとしている点で研究プログラムとして十分有用であるという主張もあれば（e.g., Laland & Brown 2002），研究プログラムとしてはいささかその重要性が疑わしくとも，狩猟採集民の生活に関する人類学的データが有用であるという主張もある（Sterelny 2003）．また，様々な狩猟採集文化で行われている食物分配（food sharing）の研究では，互恵的利他行動モデルに基づく説明を試みることを通じて，文化間に見られる共通点（分けてもらった食物の量と分けてあげた食物の量が正の相関を示す）と相違点（二つの量の間にどの程度の差が見られるか）が明らかにされている（e.g., Gurvern 2004）．この共通点と相違点をどう説明するかはまだ回答が得られていないものの，人間行動生態学での研究が様々な意義を持ちうるものであることは確かであろう（e.g. 中尾 2010）．

8.5　結語

冒頭でも述べたように，科学哲学における議論は，通常の科学研究のように経験的な側面というよりは概念的・理論的な側面に重点を置いて分析を行い，議論の整理と明確化を重要な目標の一つとしている．本章では，各研究プログラムにおける方法論や概念などに重点を置きつつ，人間行動の進化的研究をその外側から，そして時には内部の理論的な側面にも立ち入りつつ議論を行ってきた．こうした科学哲学的視点から見えてくることは，各研究プログラムがそれぞれ問題点を抱えていると同時に，各自が他の研究プログラムには見られないような視点を持って研究を行っているということである．もちろん，問題点

に目をつぶって長所ばかりを強調するわけにもいかないし，その逆も当然できない相談であろう．重要なのは，長所を生かしながら問題点を修正する，という点に尽きる．だが残念ながら，入門向けという論稿の性格上，本稿では問題点の明確化と（わずかながら）今後の方向性を示すという程度の議論にとどまっている．その点はご容赦いただき，さらなる議論は今後の課題としたい[15]．

引用文献

Alexander, R. D. (1979) *Darwinism and human affairs*, Seattle, WA, University of Washington Press.（「ダーウィニズムと人間の諸問題」(1998) 山根正気・牧野俊一訳，思索社）

Barkow, J. H., Cosmides, L., and Tooby, J. (eds.), (1992) *The adapted mind: Evolutionary psychology and the generation of culture*, New York, Oxford University Press.

Barrett, H. C. and Kurzban, R. (2006) "Modularity in Cognition: Framing the debate", *Psychological Review* 113: 628–647.

Boyd, R. and Richerson, P. (1985) *Culture and the evolutionary process*, Chicago, IL, The University of Chicago Press.

Buller, D. (2005) *Adapting minds: Evolutionary psychology and the persistent quest for human nature*, Cambridge, MA, The MIT Press.

Carruthers, P. (2006) *The architecture of mind*, New York, Oxford University Press.

Cavalli-Sforza, L. L. and Feldman, M. W. (1981) *Cultural transmission and evolution*, Princeton, NJ, Princeton University Press.

Chagnon, N. and Irons, W. (eds.), (1979) *Evolutionary biology and human social behaviors*, Belmont, CA, Duxbury.

Cosmides, L. and Tooby, J. (1989) "Evolutionary psychology and the generation of culture, Part II. Case study: A computational theory of social exchange",

---

[15] 本稿でのアイデアや議論の一部に対して丁寧かつ有益な批判とコメントを下さった有賀暢迪，稲葉肇，大西勇喜謙，加冶仁保子，標葉隆馬，田中泉吏，橋本秀和，Pierre-Alain Braillard，松本俊吉，森元良太，六山昌彦の諸氏（50音順，敬称略）に感謝したい．特に田中，松本，森元の各氏からは数度に渡る細かいチェックとコメントをいただいた．重ねて感謝したい．

Ethology and sociobiology 10: 51-97.

Cronk, L., Irons, W. and Chagnon, N. (eds.), (2000) *Adaptation and human behavior: An anthropological perspective*, New York, Aldine de Gruyter.

Dawkins, R. (1976) *The selfish gene*, Oxford, Oxford University Press. (「利己的な遺伝子」(1991) 日高敏隆・岸由二・羽田節子・垂水雄二訳, 東京, 紀伊国屋書店)

Fodor, J. (1983) *The modularity of mind*, Cambridge, MA: The MIT Press. (「精神のモジュール形式：人工知能と心の哲学」(1985) 伊藤笏康・信原幸弘訳, 東京, 産業図書)

Gould, S. J. and Lewontin, R. C. (1979) "The spandrels of San Marco and the Panglossian paradigm: A critique of the adaptationist programme", *Proceedings of the Royal Society of London, Series B, Biological Sciences* 205 (1161): 581-598.

Gurven, M. (2004) "To give and to give not: The behavioral ecology of human food transfers", *Behavioral and Brain Sciences* 27: 543-583.

Kitcher, P. (1985) *Vaulting ambition: Sociobiology and the quest for human nature*, Cambridge, MA, The MIT Press.

Laland, K. and Brown, G. (2002) *Sense and nonsense: Evolutionary perspectives on human behaviour*, Oxford, Oxford University Press.

Machery, E and Barrett, H. C. (2006) "Essay Review: Debunking Adapting minds", *Philosophy of Science* 73: 232-246.

中尾央 (2009)「心のモジュール説の新展開―その分析と二重継承説との両立可能性」, 科学哲学科学史研究 3：21-37.

中尾央 (2010)「人間行動生態学における最適化モデル」, *Contemporary and Applied Philosophy,* 2: 1-13.

Richerson, P. and Boyd, R. (2005) *Not by genes alone: how culture transformed human evolution*, Chicago, IL, The University of Chicago Press.

坂口菊恵 (2009)「ナンパを科学する―ヒトのふたつの性戦略―」, 東京, 東京書籍.

Sterelny, K. (2003) *Thought in a hostile world: The evolution of human cognition*, London, Wiley-Blackwell.

Sterelny, K. (2006) "The evolution of evolvability of culture", *Mind & Language* 21 (2): 137-165.

Sterelny, K. and Griffiths, P. E. (1999) *Sex and death; Introduction to philosophy of biology*, Chicago, IL, The University of Chicago Press. (「セックス・アンド・デ

ス―生物学の哲学への招待」(2009) 太田紘史・大塚淳・田中泉吏・中尾央・西村正秀・藤川直也訳, 松本俊吉監修, 春秋社)

Wilson, E. O. (1975) *Sociobiology*, Cambridge, MA, Belknap Press.(「社会生物学」(1999) 坂上昭一・宮井俊一・前川幸恵・北村省一・松本忠夫・粕谷英一・松沢哲郎・伊藤嘉昭・郷采人・巌佐庸・羽田節子訳, 新思索社)

Winterhalder, B. and Smith, E. A. (eds.), (1992) *Evolutionary ecology and human behavior*, New Brunswick, NJ, Aldine Transaction.

第9章　進化倫理学の課題と方法

◆

田中泉吏

9.1　はじめに

　生物学の哲学は，生物学をめぐる哲学的問題を扱う学問である．これには，大きく分けて三つのアプローチの仕方が考えられる．一つ目は，科学哲学の一般的な問題（科学と非科学の境界設定問題や，科学の理論やモデル，説明や予測の本性に関する問題など）を生物学の事例を用いて考察するというアプローチである．二つ目は，生物学に内在する概念的・理論的問題（遺伝子や種の本性に関する問題や，進化論における自然選択説の位置づけに関する問題など）についての哲学的考察である．生物学の哲学における研究の多くは現在，この二つ目のアプローチに基づくものである．三つ目は，生物学と他分野との界面に生じる問題の探究である．本章はこの三つ目のアプローチに基づき，進化論と倫理学の関係について考察する．

　本章で主に取り扱うのは，倫理学の問題に対して進化論の知見を援用するという試みである．このような試みは，**進化倫理学**と呼ばれている（詳細は次節を参照）[1]．本章の目的は進化倫理学のアプローチに潜む課題を整理して，研究の進むべき方向性について考察を加えることにある．

　以下，9.2節では進化倫理学の課題を三つに分類し，9.3節から9.5節にかけて，それぞれの課題を追求する方法とその問題点を整理・検討していく．

---

1) 進化倫理学は進化論の祖チャールズ・ダーウィン自身によって始められ（Darwin 1871），今日まで紆余曲折を経ながら，生物学者と哲学者・倫理学者双方の関心の的となってきた．この歴史的経緯については，Farber (1994) を参照のこと．

9.2 進化倫理学とは何か

進化倫理学とは，進化論の知見に基づいた倫理学へのアプローチのことである．したがって進化倫理学が扱う課題は，倫理学の三分野，すなわち記述倫理学，規範倫理学，メタ倫理学に応じて三種類ある．以下では，倫理学の三分野に対応する進化倫理学の三分野，すなわち，進化記述倫理学，進化規範倫理学，進化メタ倫理学について順に解説する[2]．

進化記述倫理学

記述倫理学とは，倫理や道徳[3]と呼ばれるものの実態について記述し，詳しく明らかにしていく探究のことである．進化論は，この試みにどのようにかかわるのだろうか．ダーウィンが提唱した進化論は，生物に見られる様々な特徴を，神によるデザインではなく，自然選択などの自然の作用だけで説明するものである．ダーウィンは，人間の倫理もその例外ではなく，進化論によって説明されるべきものだと考えた[4]．つまり，進化論が生物の特徴の起源を説明するのであれば，生物の一種である人間の倫理の起源も進化論的に説明されるというのである．倫理の起源に関する探究は**道徳起源論**とも呼ばれるが，これは記述倫理学の重要な一角を占めている．進化論は，道徳起源論に関して記述倫理学に寄与しうる．このように，倫理の起源を進化論の観点から明らかにしようとする試みを，ここでは**進化記述倫理学**と呼ぶ．9.3節では，進化記述倫理学の課題と方法について検討する．

進化規範倫理学

規範倫理学とは，我々が従うべき倫理原則・規範に関する探究である．我々

[2) 本節はKitcher (1993), Joyce (2006) を参考にしている．ただし，説明や議論の内容は一部または大部分を再構成・改変してある．これは以降の参考箇所においても同様だが，煩雑になるのを避けるため，その都度断るようなことはしていない．
[3) 本章では倫理と道徳という二つの語を同じ意味で用いている．
[4) Darwin (1871) 参照．また，ダーウィンの進化倫理学に関する議論については，内井 (1996, 2009) が詳しい．

は倫理原則から行為の指針を導き出す．進化論は記述倫理学だけでなく，この規範倫理学にもかかわりうる．進化論を援用した規範倫理学を，ここでは**進化規範倫理学**と呼ぼう．進化規範倫理学には，少なくとも二つのタイプがあると考えられる．

　第一に，進化論は人間の道徳行動や道徳心理に関して新たな知見を提供することができるが，そうした知見と既存の倫理原則の組み合わせから，新しい派生的な規範が導き出されるかもしれない．たとえば，進化心理学が人間の心理にかかる何らかの制約やバイアスを発見したとすると，この人間心理に関する科学的事実を無視するよりも，それを考慮に入れたうえで規範を導出する方が適切なはずだ（このような規範の導出に関しては，9.4 節を参照．また進化心理学については，第 8 章を参照）．というのも，そうした事実を無視した規範は非現実的だからである（哲学者はこのことを「『べし』は『できる』を含意する」という原則として表現する）．このタイプの進化規範倫理学においては，我々が規範を考える際に利用する科学的事実のソースとして進化論の知見が活用されている．

　第二に，進化論の知見は我々に対して既存の倫理原則の見直しを迫り，根本的に新しい倫理規範をもたらすかもしれない．このタイプの進化規範倫理学は，進化論が科学的事実に関する知識だけでなく，新しい倫理規範をも生みだすという極めて野心的なものであり，第一のタイプの穏当な進化規範倫理学とは大きく異なる．

　第一のタイプの進化規範倫理学は，科学としての進化論の地位を認める者であれば，比較的問題なく受け容れられるだろう．もちろん，進化論がもたらす知見の重要性の程度に関しては，様々な主張がありうる．しかし，科学的事実に関する知識が規範の導出に必要だと認められる限りは，第一のタイプの進化規範倫理学は成り立ちうる．

　対して第二のタイプの進化規範倫理学は，多くの困難に直面する．というのも，このタイプの進化規範倫理学は，単に野心的であるというだけでなく，多くの深刻な問題を含んでいるようにも思われるからである．9.4 節では，この点について詳しく検討する．

188　第9章　進化倫理学の課題と方法

表9.1　本書で扱う進化倫理学の課題（倫理学の三分野との対応）

	倫　理　学	進化倫理学
記　述	倫理の実態の記述・説明	倫理の進化的起源の探究
規　範	従うべき倫理原則・規範に関する考察	(1)進化論の知見を活用した派生的規範の導出 (2)根本的に新しい倫理規範の導出
メ　タ	倫理の客観性についての考察	倫理の客観性についての進化論的考察

進化メタ倫理学

　メタ倫理学とは倫理的概念や道徳判断の分析を行う分野である（倫理的概念とは，「善い」「悪い」「正しい」「べし」などの，道徳判断に含まれる概念のことである）．またメタ倫理学では，倫理的な善悪や正邪の区別は，我々とは独立に成立する客観的なものなのか，それとも我々に依拠する主観的なものなのかということが問題にされている．進化論はこれらの課題のいずれに対しても貢献しうると考えられる．このような試みは**進化メタ倫理学**と呼ぶことができる．9.5節では，後者の倫理の客観性に関する議論に対して進化論の知見を援用する試みについて考察する．

9.3　倫理の進化を探るために

倫理の本性

　人間の倫理が進化の産物であるという主張には，大きく分けて二通りの可能性が考えられる．一つは，人間の倫理は様々な行動特性や心理能力の集合であり，それぞれが進化の長い歴史の中で現在の人間に連なる系統に徐々に備わった，というものである．もう一つは，人間の倫理は複雑ではあるが一つのまとまりをなすものであり，人間の祖先が人間に最も近縁な動物であるチンパンジーやボノボとの共通祖先から分岐したおよそ六百万年前以降のいずれかの時点で，（地質学的時間尺度において）かなりの短期間に進化した，というものである．倫理の進化的起源に関する研究では，前者の考え方が採用されることがほとんどであり，後者の考え方に基づいた仮説はほとんど提出されていない[5]．

　さて，ここで気をつけておきたいのは，両者がともに人間の倫理の本性につ

いての仮定を立てているという点である．前者は，人間の倫理は複数の形質の集合であると仮定している．これに対して，後者は人間の倫理は複雑な一つの形質であると仮定している．いずれの仮定が正しいのかについて，現在決定的な証拠はない．このため，記述倫理学においては，倫理の本性に関する統一的な見解が存在していない．

　この論点は，感情についての進化論的研究と対比すると鮮明になる．進化記述倫理学は，進化心理学と重なる部分がある．道徳心理に関する進化心理学的研究は，進化記述倫理学の一部を構成する．さらに，進化心理学が扱う対象の中でも，感情は他の認知メカニズムよりも複雑で捉え難いという点で，倫理により近い存在である．だが，感情については，生理学や心理学における研究成果が豊富にあり，その本性についてよく知られている．このため，感情の進化理論は，生理学や心理学によって明らかにされた感情の諸性質に対して進化の仮説を立てればよいということになる[6]．ところが倫理は，感情のように本性についての理解がそれほど進んでいない．近年は記述倫理学の中でも，認知科学や神経科学の知見を活用した科学的な道徳心理学の研究が盛んであり，これが感情の場合における生理学や心理学のようなはたらきをしてくれるのではないかと期待されるところである．だが，その研究はまだ端緒についたばかりである[7]．以上のように，倫理の本性がはっきりとしないまま進化研究を行わなければならないというのは，進化記述倫理学が直面する最も深刻な問題である．

　だが，人間以外の霊長類に萌芽的な倫理，すなわちある種の倫理的な行動や心理傾向が見られるという霊長類学の知見は，前者の仮定に一定の支持を与えるものである．というのも，前者の仮説は様々な形質が長い進化の過程で徐々に生じていったという考えであるため，進化の過程で分岐していった別種に同

---

5) Wilson (1978), de Waal (1996), Sober (1993, 1994, 2000) や内井 (1996, 2009) などが，前者の考え方を明示的に述べている．他の論者も，しばしば暗黙のうちにそれを仮定している．これに対して，ジョン・ミハイルなどによって近年提唱されている「道徳と言語のアナロジー説」は，後者の立場を採用しているように思われる（ただし，具体的な議論は今のところほとんど展開されていない）．この説についての詳細は，田中・中尾 (2009) を参照．
6) Sterelny and Griffith (1999) の第14章（この章の翻訳は，邦訳書では割愛されているが，出版社のホームページで公開されている）を参照．
7) 近年の道徳心理学研究については，田中・中尾 (2009) や，そこで紹介されている文献などを参照されたい．

様の形質が保存されていると予測できるのに対して,後者の仮説に基づくと,様々な霊長類種に見られる倫理的行動はすべてそれぞれの系統で新たに(独立に)進化したものだと考えざるを得なくなるからである.しかし,人間をチンパンジーから分かつ短い進化的な時間の中で,異なる心的過程が新たに現れて類似した行動を引き起こしていると仮定することは,極めて非節約的である.それよりも,近縁な二種が同じように行動したならば,その基底にある心的過程も同様であると仮定することの方がはるかに節約的だろう[8].

人間以外の動物にも倫理はあるか

人間以外の霊長類にも倫理が萌芽的な形で見られるという主張は,フランス・デ=ワールなどの一部の霊長類学者や動物行動学者によって支持されている.たとえば彼らは,オマキザルやチンパンジーなどの霊長類にも萌芽的な「公正感」が見られると主張する.これは,オマキザルやチンパンジーが(隣のケージにいる個体よりも価値の低い餌を与えられるというような)不公平な扱いをされたときに拒絶反応を示すということなどから,導かれた結論である[9].また,ダーウィンもこの種の主張を『人間の由来』の中で展開しており,倫理だけでなく感情や理性などの,通常は人間と他の動物を区別するとされるような心的能力も,他の動物に(人間とまったく同じ形ではないかもしれないが,少なくとも萌芽的な形で)存在すると主張していた.同様の主張は,古くはデイヴィッド・ヒュームの『人間本性論』にまで遡ることができる.このダーウィンの主張は,彼の弟子で比較心理学の祖であるジョージ・ロマーニズや,その後の動物行動学に受け継がれている.

このような考え方は,他の心理学者(とくに行動主義心理学者)や哲学者から,「擬人主義」であるという批判を受けてきた.こうした批判の旗印となったのが,いわゆる「モーガンの公準」である.これは,「低次の心的能力が行使された結果であると解釈しうる行動は,高次の心的能力が行使された結果であると解釈してはならない」[10]という考えのことである.批判者たちはこの公準に

---

8) この点については,de Waal (2001) を参照のこと.
9) 詳細はBrosnan and de Waal (2003),Brosnan (2006) や田中・内井 (2005) を参照されたい.
10) Morgan (1894), p. 287.

基づき，人間以外の動物に最初から意図・認識・感情などを読み込んで，人間に対して使う言葉によってその行動を描写することは，論点先取かつ非節約的であるとして非難してきた．つまり，人間以外の動物を不当にも人間として扱う（「擬人化」する）という誤りを犯しているというのである．これは，裏を返せば，人間を他の動物と同じ地平で扱うという意味で，人間を「動物化」しているという批判だとも言えるだろう．

この対立の根は深く，「心的能力に関して，人間と人間以外の動物の間に区別を設けるか，設けないか」という二元論対一元論の哲学的対立をその背景として持つと考えられる．だが経験的知識を重視する進化倫理学の方法論に基づけば，この対立を一方が絶対的に正しくて，もう一方が絶対的に誤りであるという形で決着がつく類のものだと考えるべきではない．むしろ，人間以外の動物心理について擬人主義的な記述が妥当なケースと，妥当ではないケースの両方があるのであり，それらを個別に検討していくべきである．したがって，公正感を初めとする道徳心理などの複雑な心理状態を表す言葉を最初から人間だけに限定し，擬人主義を端から否定する姿勢は，それこそ論点先取であり不適切である[11]．

利他性

前節では「公正感」を例示したが，倫理の重要な要素として取り上げられることが多いのは「利他性」である．この言葉はいろいろな文脈で使用されるので注意が必要なのだが，進化倫理学の文脈では「進化的利他性」と「心理的利他性」の区別が重要である．

進化的利他性とは，自己の適応度を犠牲にして他者の適応度を増大させる性質のことである．この性質は，動物行動の場合は利他行動と呼ばれる．行動生態学では，ハチやアリなどの昆虫から，ライオンやヒヒなどの哺乳類まで，さまざまな動物の利他行動のメカニズムや進化が研究されている．対して**進化的利己性**は，他者の適応度を犠牲にして自己の適応度を増大させる性質のことである．いずれも適応度を基準に定義されていることに注目しよう．つまり，進

---

[11] 本節はSober (1993, 2000, 2005)，de Waal (2001) や内井 (2009) を参考にしている．

化的な意味で利己的あるいは利他的であると言うためには、心や脳を持つ必要はない．

進化的利他性に対しては，定義からして自然選択によっては進化しえないのではないか（したがって，すべての形質は進化的利己性に分類されるのではないか）という疑いが持たれるであろう．そのような疑問を持たれるのも当然であり，実際にダーウィン以来，それは進化生物学の中心的な問いであった．しかし20世紀後半には，集団選択理論などが発達することによって，進化的利他性は自然選択説の枠内で説明されうるということが明らかにされている．この点についての詳しい解説は，本書第1章と第2章を参照されたい[12]．

他方で，**心理的利他性**とは他者に利益をもたらす行動の動機となる心理状態のことである．対して，**心理的利己性**は自己に利益をもたらす行動の動機となる心理状態のことである[13]．これらは動機を持つと言えるような生物にしか帰属できない．そのような生物は基本的に人間であるが，一部の霊長類も持つと言えるかもしれない．また，ここでの「利益」は生物個体が被る何らかの利益を指す．この利益は生存繁殖上の利益（適応度）の場合もあるし，そうでない場合もある．たとえば，仕事と結婚のどちらを優先するかで悩んでいる友人に対して，その友人の仕事に対する並々ならぬ情熱を知っている私が，心の底からその友人のためを思って，仕事を優先するように助言を与えたとしよう．その助言に従った友人が，望んでいた大きな業績を残すことができた一方で結婚の機会を逸し，独身のまま一生を送るとしたら，私のした行為は友人の業績上の利益にはなったかもしれないが，適応度という生存繁殖上の点ではむしろマイナスになったかもしれない．

---

[12] 第2章では集団選択の代わりにグループ選択という語が用いられている．集団選択理論とそれをめぐる議論については，Sober (2000) の第4章, Sober and Wilson (1998) の第1部, Sterelny and Griffiths (1999) の第8章なども参照されたい．

[13] 倫理学の文献では「心理的利他主義」と「心理的利己主義」というよく似た言葉が登場するが，ここでの「心理的利他性」と「心理的利己性」とは意味が異なる．倫理学における「心理的利己主義」とは，「人間は自己の利益しか追求しないようにできている」という主張であり，同様に「心理的利他主義」とは「人間は他者の利益になるように行為する」という主張である．これに対して，ここでの「心理的利他性」と「心理的利己性」は心理状態の性質を指す用語である．

9.3 倫理の進化を探るために

表9.2 進化的利他性／利己性と，心理的利他性／利己性の区別

	利 他 性	利 己 性
進化的	自己の適応度を犠牲にして他者の適応度を増大させる性質	他者の適応度を犠牲にして自己の適応度を増大させる性質
心理的	他者に利益をもたらす行動の動機となる心理状態	自己に利益をもたらす行動の動機となる心理状態

　さて，進化的利他性と進化的利己性は適応度を基準に定義されたが，心理的利他性と心理的利己性も同様にフォーマルな形で定義されるべきだろう．まずは図9.1を見ていただきたい．図9.1では，自己利益と他者利益の値の組み合わせのそれぞれに対する選好順位の違いに基づいて，四種の動機構造を定義している．図中のプラスとマイナスは，ある行為に関する利益の大小を表している．平たく言えば，行為に伴う損得のことだと考えてもらってよい．また，図中の数字は選好順位を表わしており，数字の大きい方が選好が強いことを意味する．ただし数字の絶対値に意味はなく，大小関係が重要である．たとえば，「適度な心理的利他性」においては，ある行為を自己がすることによって，自己の利益と他者の利益がともにプラスになる（どちらも得をする）場合に「4」，自己の利益はプラスだが他者の利益がマイナスになる（自己は得をするが他者は損をする）場合に「2」という数字が付されているので，前者の方が後者よりも望ましいということになる．

　まずは「**極度な心理的利他性**」を見てみよう．この動機を持つ者は，自分自身の利益に関心はなく，常に他者の利益がプラスになるような選好を持つ．これとは対照的に，「**極度な心理的利己性**」を持つ者は，他者の利益には関心がなく，常に自己の利益がプラスになるような選好を持っている．

　現実的には，こうした極度な動機構造を持つ人は少なく，多くの人の動機は「**適度な心理的利他性**」か「**適度な心理的利己性**」に分類されるだろう．これらの動機を持つ人は共通して，自分自身が損するよりも得した方がよいという選好を持ち，なおかつ他者も損するよりは得した方が良いという動機を持っている．つまり，自己と他者のいずれか一方の利益だけではなく，両方の利益のことを気にかけている．これが「極度」ではなく「適度」と形容される理由である．では両者の違い，すなわち「利他」と「利己」の違いはどこに表れてい

極度な心理的利他性			
		他者の利益	
		+	−
自己の利益	+	4	1
	−	4	1

適度な心理的利他性			
		他者の利益	
		+	−
自己の利益	+	4	2
	−	3	1

極度な心理的利己性			
		他者の利益	
		+	−
自己の利益	+	4	4
	−	1	1

適度な心理的利己性			
		他者の利益	
		+	−
自己の利益	+	4	3
	−	2	1

図9.1 心理的利他性／利己性の定義と分類

るのかと言うと，自己の利益と他者の利益がトレード・オフの関係にある場合，すなわちある行為によって，どちらか一方が得をし，もう一方が損をする場合に表れている．たとえば，私とあなたの両方が大好物である飴があって，それが一個だけ目の前にあるとしよう．この飴はとても硬くて割ることができないので，どちらか一方しかその飴を食べることができない．この状況下で，私がその飴を食べてしまう，すなわち自己の利益を優先させるとすれば，私は心理的に利己的であり，反対に私があなたに飴を譲る，すなわち他者の利益を優先させるとすれば，私は心理的に利他的である．

まとめると，心理的に利他的であり，なおかつ他者だけでなく自分の利益も気にかける（図9.1の右上のような選好順位を持つ）者は，適度な心理的利他性を持つ．また，心理的に利己的であり，なおかつ自己だけでなく他者の利益も気にかける（図9.1の右下のような選好順位を持つ）者は，適度な心理的利己性を持つ．

進化記述倫理学においては，議論の混乱を避けるために，以上のような概念

的区別を念頭に研究を行わなければならない．したがって，利他性が倫理の重要な要素であると言う場合には，少なくとも進化的なレベルと心理的なレベルに分けて考える必要がある．

　また，以上の区別を踏まえたうえで興味深い点は，利己性が倫理的な行為や判断を導く可能性があるということである．この点について考えるために，次のような状況を想像してみよう．スーザンは酷い喘息持ちで，いつもステロイド薬を携帯している．彼女はあるとき無人島探検ツアーに参加した．その最終日に，別のツアー客のフィリップが鞄を紛失してしまった．彼も喘息持ちで同じ薬を服用しているのだが，その薬は鞄と一緒になくなってしまった．彼は薬を飲めば症状が出るのを防げるだろうが，スーザンよりも症状が軽いので，薬を飲まなくても帰国するまでは持ちこたえられそうである．この薬は無人島では新たに入手することは不可能だし，一錠丸ごと服用しなければ効果がない．このような状況下で，スーザンは自分とフィリップ両方の利益を考慮して，薬の処分を考えている．さて，スーザンは残り一錠しかないステロイド薬を，フィリップにあげるべきだろうか．それとも，自分で服用するべきだろうか．

　ここで注意したいのは，スーザンが薬を分け与えることは適度な心理的利他性に導かれる行為であり，薬を自分のために使うことは適度な心理的利己性に導かれる行為だということである（ここで「適度な」が付くのは，スーザンが自分と他者の両方の利益を気にかけるからである）．また，薬を服用すれば適応度が増加し，服用しなければ減少するとすれば，スーザンが薬を分け与える行為は進化的利他性，自らのために取っておく行為は進化的利己性に分類される．

　先ほどの質問に対しては，多くの人が，スーザンは薬を自らのために取っておくべきだと考えるだろう．これが倫理的に正しい判断だとすれば，この事例では（心理的または進化的）利己性が倫理的な行為を導いていると言える．この可能性を真剣に受け止めれば，（心理的または進化的）利他性が倫理の本質ではないということになる．むしろ，どのような場合に自己の利益が他者の利益よりも優先されるべきか（あるいはその反対に，他者の利益が自己の利益よりも優先されるべきか）を考える思考のはたらきこそが，倫理の本質を構成する要素だと考えた方が良いということになるだろう．今後は，こうした思考のはたらきについても進化論的な考察を加えていくことが期待される[14]．

9.4 「遺伝子の倫理」は可能か

　本節では，進化論によって既存の倫理原則の見直しを図り，根本的に新しい倫理原則をもたらそうという進化規範倫理学の野心的バージョンについて検討する．この立場を表明している一人に，社会生物学の創始者で有名なエドワード・O・ウィルソンがいる．そこで，彼の大著『社会生物学』の第一章の標題から採って，これを「遺伝子の倫理」と呼ぶことにしよう．彼の「遺伝子の倫理」に関する議論はその後『人間の本性について』の中で展開されたので，本節ではこの著作における彼の議論を取り上げる．

　ウィルソンによれば，「人間生物学の主要な仕事は，倫理哲学者などのあらゆる人々の下す倫理的決定に影響を与える制約を特定してその程度を把握し，さらに心の神経生理学的および系統史的再構成によって，そうした制約の意義を推定することである．……この過程で，倫理の生物学が作り上げられることになるだろう．そしてこの倫理の生物学によって，もっと理解の行き届いた持続的な道徳的価値基準を選び出すことができるようになるだろう」[15]．この引用文における「倫理の生物学」は記述倫理学的な研究を指している．ウィルソンは進化論（系統史の再構成）だけでなく神経生理学の重要性も強調しているから，進化記述倫理学だけでなく神経記述倫理学とでも呼ぶべきものが，その中に含まれるのだろう．彼によれば，我々はこうした倫理の生物学によって「もっと理解の行き届いた持続的な道徳的価値基準を選び出す」というのである．

　では，その「もっと理解の行き届いた持続的な道徳的価値基準」とはどのようなものだろうか．ウィルソンの議論を引き続き見てみよう．「まず，これらの新しい倫理学者たちは，人間の遺伝子を存続させるという基本的価値を，世代を超えた共通の遺伝子プールという枠組みで考えようとするだろう．有性生殖の解体的作用が意味する本当のところに気づいている人は，ほとんどいない．

---

14) 本節はJoyce (2006), Sober (1993), Sober and Wilson (1998) を参考にしている．
15) Wilson (1978), p. 196. なお，翻訳は参考にしたが，訳文は一部変更してある．以下の引用文でも同様である．

またそれに付随して，『家系』などというものは実は重要ではないということも，ほとんど知られていない．ある個人が持っている DNA は，過去のどの世代のどの祖先からも，ほぼ等量ずつの寄与を受けていると言えるし，また将来のどの世代のどの子孫にも，ほぼ等量ずつ分配されることになるだろう．……その個人は，この遺伝子プールから引き出された諸々の遺伝子の束の間の組み合わせであり，その遺伝物質も間もなく解体されてその遺伝子プールの中に戻されるような存在なのである」[16]．ここでウィルソンは，人間の「世代を超えた共通の遺伝子プール」の存続を基本的価値として認めている．しかし，なぜこれが基本的価値となるのだろうか．その後に述べられている有性生殖の作用と個人の遺伝子構成に関する議論が，その根拠として提示されているように思われる．だが，人間の遺伝子プールを存続させるべきだという倫理原則を，これらの進化生物学の知見が直接導き出したり支持したりするとは考えにくい．

以下ではウィルソンが挙げるもう一つの基本的価値に関する議論を俎上に載せることで，彼の議論の問題点をより明確にしてみたい．彼は「進化論が正しく適用されれば，遺伝子プール内の多様性が基本的価値の一つとされるはずだ」[17]と述べる．彼がこの結論に至る論証は，以下のようなものである．

> 前提(1) 有性生殖は極めて稀に，様々な遺伝子の稀な組み合わせの結果として天才を生みだすことがある．
> (2) そうした天才を構成する遺伝子は，次世代には再び遺伝子プールの中に分散していってしまう．このように，いわば天才の素材が遺伝子プールの多様性の中にある．（天才を生みだすためには，遺伝子プールの多様性の確保が必須である．）
>
> ───────────────────────────────
>
> 結論(3) 遺伝子プールの多様性を確保すべきである．

この論証の中で，前提の(1)と(2)は生物学的事実に関する言明であり，(3)のみが規範言明である．だが，事実言明のみからなる前提から規範言明を演繹的に妥当な仕方で導き出すことはできない．倫理学者はこれを**ヒュームの法則**と呼

---

16) 前掲書 pp. 196-197.
17) 前掲書 p. 198. 傍点協調は筆者による．

んでいる．ヒュームの法則は普通「『である』言明だけから『べし』言明を演繹することはできない」という形で表現される[18]．「である」言明と「べし」言明はそれぞれ，事実言明と規範言明の別称である．上記のウィルソンの論証は，このヒュームの法則に抵触している[19]．

では，ウィルソンが(3)を演繹的に妥当な仕方で導きたいと思ったら，どうすればよいのだろうか．それには，下記(*)のような言明を一つ前提に付け加えてやればよいのである．

　　前提(1) 有性生殖は極めて稀に，様々な遺伝子の稀な組み合わせの結果として天才を生みだすことがある．
　　　(2) そうした天才を構成する遺伝子は，次世代には再び遺伝子プール中に分散していってしまう．このように，いわば天才の素材が遺伝子プールの多様性の中にある．（天才を生みだすためには，遺伝子プールの多様性の確保が必須である．）
　　(*) 天才は生みだされるべきである．

　　結論(3) 遺伝子プールの多様性を確保すべきである．

これは，演繹的に妥当な論証である．ここで，新たに付け加えられた前提(*)は規範言明であることに注意したい．このように，倫理規範は生物学的事実のみから導出することはできない．また，(*)の規範言明の正当性は，生物学が示してくれるようには思われない．というのも，以上の指摘が正しければ，その規範言明を導出する際にも，別の何らかの規範言明を前提としなければな

---

18) しばしば「自然主義的誤謬（naturalistic fallacy）」という言葉が，「である」言明だけから「べし」言明を演繹しようとする試みを指すものとして使われることがある．この用法に従えば，ヒュームの法則は「自然主義的誤謬は，実際誤謬である」と言い換えることができる．しかし，「自然主義的誤謬」の本来の意味（この言葉を造ったムーアによる用法）は若干異なるので注意が必要である．この点については，内井（1996），Sober（2000）を参照のこと．
19) ウィルソンの「遺伝子の倫理」がヒュームの法則に違反しているという批判に対しては，「『である』言明だけから『べし』言明を演繹的に導出することはできないかもしれないが，非演繹的な仕方で導出することができるのではないか」という反論が考えられよう．しかし，非演繹的な導出であるにしても，前提に一切規範言明や倫理原則が含まれなければ，結論は妥当な仕方で導出できない．つまり，ヒュームの法則は非演繹的導出関係にまで一般化できると考えられる．この点については，Sober（1994）を参照されたい．

9.4 「遺伝子の倫理」は可能か

らないからだ．たとえば，(*)は次のような仕方で導き出されていると考えられるだろう．

> 前提(4) 天才は，科学・芸術・スポーツなどを通じて，人類に多くの幸福をもたらす．
> (5) 幸福こそ究極的な善であり，追及されるべきである．

> 結論(*) 天才は生みだされるべきである．

もちろん，これ以外の仕方でも(*)は導けるかもしれないが，ここではそれは問題ではない．重要なのは，(5)が規範言明であり，しかも(*)よりもより根本的・基本的な倫理原則を表しているということである．そして，(*)を導くためには，(5)のような規範言明を前提に含む必要があるということである．また，(5)のような倫理原則は規範倫理学ではおなじみのもので，倫理学の入門書を紐解けばすぐに目にすることができる．このように，(5)は既存の基本的倫理原則である．そして，先のウィルソンの結論にある倫理規範は，論証を遡っていけば（どのように遡ったとしても）この種の基本的倫理原則に行き着くように思われる．だとすれば，ウィルソンの「遺伝子の倫理」は既存の倫理原則に代わって新しい倫理原則を打ち立てるようなものではなく，実はそうした既存の倫理原則に基づいた議論（すなわち9.2節の「進化規範倫理学」で述べた第一のタイプの穏当な進化規範倫理学）であるということになってしまう．これでは，当初のウィルソンの目論見からはかなりかけ離れることになる．

ところで，先述のヒュームの法則に基づくと，進化論と規範倫理学の関係についてどのような結論が出てくるだろうか．それは，進化論はそれ自身のみで倫理規範を生みだすことはできない，ということである．進化論が何らかの倫理規範の導出にかかわるにしても，その際には進化論とは別に規範言明や倫理原則が必要となるのである．そして，これらの規範言明や倫理原則の正しさは，進化論によって証明される類のものではない（これ自体がヒュームの法則の結果である）．したがって，進化論によって既存の倫理原則の見直しを図り，根本的に新しい倫理原則をもたらそうという野心的な進化規範倫理学の試みは，控えめに言っても，極めて大きな困難に直面していると言わざるを得ないだろう．

だがもちろんこれは,進化規範倫理学の試み全体が不可能であるということではない.進化論の知見は我々が従う倫理規範の改善に役立ちうるかもしれないし,その可能性は未開拓である[20].

9.5 倫理は主観的か,客観的か

前節で紹介したウィルソンの人間社会生物学の試みに対しては多くの批判が寄せられたが,哲学者のマイケル・ルースのような擁護者も現れた.ルースはウィルソンとの共著論文「応用科学としての道徳哲学」の中で,次のような主張を行っている.「人間という生き物は,全員が従うべきであり,私的な利害関心から中立かつ客観的であるような,自分たちを拘束する倫理があるのだと信じるように彼らの遺伝子によって欺かれている場合には,より効率よくやっていけるのだ.我々が他人を助けるのは,そうすることが『正しい』からであり,また,助けた相手が同程度のお返しをするように心の内で強制されるということを,我々が知っているからである.ダーウィン主義進化論が示すことは,この『正しい』という感覚と,その反対の『間違っている』という感覚,つまり個人の欲求を超越し,ある意味で生物学の埒外にあるとみなされる感情は,実は根本的に生物学的過程によってもたらされたものなのだ,ということである」[21].

この主張によれば,「他人を助けるのが正しい」と我々が思うのは,我々がそう思うように遺伝子によって「欺かれている」からである.「欺かれている」という表現には,本当は「他人を助けることが正しい」というような客観的真理がないにもかかわらず,そうであるかのように錯覚してしまうように我々の心ができている(そのような心を作りだす遺伝的基盤がある)のだ,という含みがある.我々の心がそのようにできているのは,進化の事実に訴えて説明される.つまり,「他人を助けることが正しい」と思う生物の方が,そう思わない生物よりも生存繁殖競争において有利だったため,そのような生物がより多くの子孫を残し,子孫にその遺伝的基盤が受け継がれて広まっていったのである.

---

20) 本節はKitcher (1993), Sober (1994, 2000) を参考にしている.
21) Ruse and Wilson (1986), p. 179.

自然界の厳しい生存繁殖競争においては，むしろ「他人を助けることが正しい」と思わない生物の方が有利だったのではないかという反論も考えられるが，家族や見返りを期待できる相手との助け合いは，自分自身の生存繁殖だけを追求する場合よりも多くの適応度を得られる場合があるということが，血縁選択理論や互恵的利他行動理論によって明らかにされている．また，「他人を助けることが正しい」と思う生物を数多く含む集団における個体数増加率が，「他人を助けることが正しい」と思わない生物を数多く含む集団における個体数増加率を凌駕することによって，「他人を助けることが正しい」と思う生物が個体群中で増加していくということも考えられる．これは集団選択理論による説明である（第1章と第2章を参照）．

さて，「他人を助けるのが正しい」というような倫理言明に対して客観的な真偽を問うことができないという考え方は，**主観説**と呼ばれるメタ倫理学上の立場である[22]．主観説によれば，倫理的な善悪の区別は人間自身の主観に依存して決まるものであり，客観的に真であるような倫理言明は存在しない．ルースは，進化論がこの主観説を支持すると考えた．だが，「我々が現に信じているような倫理言明を我々が信じているのは，我々がそう信じるような心理を持つ生物として進化してきたからである」ということが正しかったとしても，そのことから「真なる倫理言明は存在しない」というメタ倫理学上の結論が導かれるようには思えない．というのも，我々がある言明Sを信じるようになった経緯と，言明Sの真偽（そのようなものがあるとすれば）の間には何らかの関連性を言うことができるかもしれないが（たとえば，その経緯が信頼のおけるプロセスであるのかどうかが，その結果もたらされた言明の正しさに関係するかもしれない），その言明Sについてそもそも客観的な真偽を問うことができるかどうかは，まったく別次元の問題であるからだ．数学の言明に関して，その言明を我々が持つようになった経緯が生物学的に（あるいは社会学的に）説明されたとしても，その結果，数学言明には客観的な真偽が問えないと考える者はいないだろう．数学言明に至る経緯と，数学の客観性とは別問題なのである．これと同様のことが，倫理学についても言える．

---

[22] この主張を「主観説」と呼ぶことには異論もあろうが，ここではルースやソーバーに従って，この語を採用する（Ruse 1986, Sober 1994, 2000参照）．また，内井（1996）も参照のこと．

以上の議論で強調したいことは，主観説が間違っているということではなく，進化論的事実が主観説を支持するという，ルース流の進化メタ倫理学の議論には飛躍があるということである．倫理の進化論的説明を受け容れつつも，倫理の客観性を支持するような議論もありうるだろう．ルースとウィルソンの進化メタ倫理学の主張には，メタ倫理学における他の選択肢の可能性を十分に検討していないという拙速さがある．

ルースとウィルソンの議論には別の問題もある．まずは次の主張を見てみよう．「[人間心理の] 発達にかかる制約は，我々が持つ強力な正邪の感情の源であり，それらは倫理規範の基礎としての役割を果たすほど十分強いものである．しかし，持続する規範を明確に表現するためには，人間の心と進化について今以上に詳しい知識が必要だろう．我々は，倫理的感情の物質的基盤に関する知識から，一般に受け容れられる行為の規則に進むことが可能だということが明らかにされるのではないかと思う」[23]．これは，前節で紹介したウィルソンの「遺伝子の倫理」の提唱と同じ議論であり，その問題点についてはすでに述べた（彼らはこの引用文の直後で，彼らの議論がヒュームの法則を回避することができていると述べているのだが，その理由は明らかにされないし，実際に回避できているようにも思えない）．またこれもすでに述べたことだが，彼らが言う「一般に受け容れられる行為の規則」に我々がなぜ従うべきであるのかは，彼らの生物学的議論からは理解できない．そしてこの点は，本節で紹介した彼らの進化メタ倫理学の議論を前提にすると，一層不可解になる．つまり，倫理的な正邪の感覚が生物学的に説明されるということが主観説を支持するのならば，我々が実際に「遺伝子の倫理」に従うべき理由など，はたしてあるのだろうか．その根拠を生物学に求めるなら，ヒュームの法則の回避という難題を克服しなければならない．いずれにせよ，彼らは生物学に，倫理の客観性の転覆（主観説）と，倫理規範の基礎付け（遺伝子の倫理の提唱）という，両立が困難に思われる二つの大役を，いとも簡単に担わせてしまっている．

前節と本節の考察から合わせて言えることは，生物学の知見から規範倫理学やメタ倫理学への含意を導くことは極めて難しく，慎重にならなければならな

---

[23] Ruse and Wilson (1986), p. 174. [ ] 内は筆者による補足である．

いということである．また現代倫理学の込み入った議論を，進化論や生物学，引いては科学の知見全般が一刀両断に解決してくれるというような甘い期待はしない方がよい．ウィルソンとルースが抱える問題の多くは，彼らの不用意さと見通しの甘さに由来するように思われる[24]．

9.6 おわりに

　本章の締めくくりとして，今後の進化倫理学で扱われるべき課題と，それへの取り組み方について検討しておこう．9.2節で分類したように，進化倫理学には進化記述倫理学，進化規範倫理学，進化メタ倫理学の三種があるのだが，このうち現時点で最も研究が蓄積されているのが進化記述倫理学である．進化倫理学の中では，これが他の二分野の基礎となる分野であるから，今後も重点的に研究がなされるべきである．その方向性としては，発達心理学や近年進展目覚ましい神経科学の知見を取り入れた道徳心理学と連携して，倫理の実態に関して統一的な科学的見解をまとめあげるということが考えられる．そのようにして出来上がった堅実な基盤に立ってこそ，進化規範倫理学や進化メタ倫理学の議論はより実りあるものになると期待される．

　では，具体的に何に注目した研究が行われるべきだろうか．ここでは，倫理の強制力を一例として挙げておく．倫理学では通常，「他人に危害を加えてはいけない」というような倫理規範は，「豚のように直接口でものを食べてはいけない」だとか，「人前で裸になってはいけない」とかいうような，エチケットや常識と呼ばれる社会的規範とは異なり，どのような場合にも例外なく遵守されなければならないという特徴があるとされる．ではそうした倫理の強制力は，どのような心理メカニズムによって実現されているのだろうか．それは道徳感情と呼ばれるものだろうか．だとすれば，道徳感情は他の社会的感情と何が違うのだろうか．さらに，そのような道徳感情はなぜ進化したのだろうか．こうした生物学的な観点からの問いかけは，従来の倫理学における思弁的考察からは得られない新鮮な知見を供給してくれるという点で有意義に思われる．

---

[24] 本節はJoyce (2006), Kitcher (1993), Sober (1994, 2000) を参考にしている．

今後は，生物学と哲学・倫理学の双方に関わる生物学の哲学者がこのような問いかけと探究を積極的に行い，進化倫理学の議論を活性化していくことが望まれる[25]．

引用文献

Brosnan, S. F. (2006) "Nonhuman species' reactions to inequity and their implications for fairness", *Journal of Social Justice* 19: 153-185.

Brosnan, S. F. and de Waal, F. B. M. (2003) "Monkeys reject unequal pay", *Nature* 425: 297-299.

Darwin, C. (1871) *The Descent of Man, and Selection in Relation to Sex*, Princeton, Princeton University Press, 1981.（「人間の進化と性淘汰 I・II」(1999) 長谷川眞理子訳，文一総合出版）

de Waal, F. B. M. (1996) *Good Natured: The Origins of Right and Wrong in Humans and Other Animals*, Cambridge, MA, Harvard University Press.（「利己的なサル，他人を思いやるサル：モラルはなぜ生まれたのか」(1998) 西田利貞・藤井留美訳，草思社）

de Waal, F. B. M. (2001) *The Ape and the Sushi Master: Cultural Reflections by a Primatologist*, New York, Basic Books.（「サルとすし職人」(2004) 西田利貞・藤井留美訳，原書房）

Farber, P. L. (1994) *The Temptations of Evolutionary Ethics*, California, University of California Press.

Joyce, R. (2006) *The Evolution of Morality*, Cambridge, MA, MIT Press.

Kitcher, P. (1993) "Four ways of "biologicizing" ethics", *Evolution und Ethik*, K. Bayertz (ed.), Stuttgart, Reclam. Reprinted in *Conceptual Issues in Evolutionary Biology, 3rd edition*, E. Sober (ed.), Cambridge, MA, MIT Press, 2006, pp.575-586.

Morgan, C. L. (1894) *An Introduction to Comparative Psychology*, London, Scott.

---

[25] 本章は入門的解説という性格上，文献を基本的かつ頻繁に引用されるものに絞り，テーマを限定して説明を行った．本章で取り上げたテーマや，その他のトピックについてさらに詳しく知りたい方は，参考文献表に挙げた文献に直接当たっていただきたい．最後に，本章の草稿に対して有益なコメントと助言を下さった，中尾央，西脇与作，松本俊吉，森元良太，矢島壮平（敬称略）の諸氏に謝意を表したい．

Ruse, M. (1986) *Taking Darwin Seriously*, NY, Blackwell.
Ruse, M. and Wilson, E. O. (1986) "Moral philosophy as applied science", *Philosophy* 61: 173-192. Reprinted in *Conceptual Issues in Evolutionary Biology, 3rd edition*, E. Sober (ed.), Cambridge, MA, MIT Press, 2006, pp. 555-573.
Sober, E. (1993) "Evolutionary altruism, psychological egoism, and morality: Disentangling the phenotypes", *Evolutionary Ethics*, M. H. Nitecki and D. V. Nitecki (ed.), Albany, State University of New York Press, pp. 199-216.
Sober, E. (1994) "Prospects for an evolutionary ethics", E. Sober (ed.), *From a Biological Point of View*, Cambridge, Cambridge University Press, pp. 93-113.
Sober, E. (2000) *Philosophy of Biology, 2nd edition*, Boulder, CO, Westview Press. (「進化論の射程——生物学の哲学入門」(2009) 松本俊吉・網谷祐一・森元良太訳, 春秋社)
Sober, E. (2005) "Comparative psychology meets evolutionary biology: Morgan's canon and cladistic parsimony", L. Daston and G. Mitman (eds.), *Thinking with Animals: New Perspectives on Anthropomorphism*, New York, Columbia University Press, pp. 85-99.
Sober, E. and Wilson, D. S. (1998) *Unto Others: The Evolution and Psychology of Unselfish Behavior*, Cambridge, MA, Harvard University Press.
Sterelny, K. and Griffiths, P. (1999) *Sex and Death: An Introduction to the Philosophy of Biology*, Chicago, Chicago University Press. (「セックス・アンド・デス——生物学の哲学への招待」(2009) 太田紘史・大塚淳・田中泉吏・中尾央・西村正秀・藤川直也訳, 松本俊吉監修解題, 春秋社, (邦訳の割愛部分は, 出版社のホームページからダウンロードできる：http://www.shunjusha.co.jp/sex_and_death/))
Wilson, E. O. (1978) *On Human Nature*, Cambridge, MA, Harvard University Press. (「人間の本性について」(1980) 岸由二訳, 思索社)
内井惣七 (1996)「進化論と倫理」, 世界思想社. (本書は全文を著者のホームページからダウンロードできる：http://homepage.mac.com/uchii/Papers/FileSharing 83.html)
内井惣七 (2009)「ダーウィンの思想——人間と動物のあいだ」, 岩波新書.
田中泉吏・内井惣七 (2005)「オマキザルにみられる『公正感』と道徳の基礎としての感情—進化倫理学的アプローチ—」, 基礎心理学研究第23(2)：213-217.
田中泉吏・中尾央 (2009)「道徳と言語のアナロジー説の批判的検討—感情説との比較を通じて—」, 科学哲学科学史研究3：1-19.

用語解説

＊本書に登場する生物学ならびに生物学哲学の基本用語に，簡単な解説を付してみた．これを参照しつつ各章の議論にあたれば，理解の手助けになるだろう．

あ行

アナロジー →ホモロジーとアナロジー

アブダクション（abduction）
あるデータを説明する複数の仮説（あるいはモデル）が対立するとき，ある最適性基準のもとでベストと判定された仮説を選択する推論様式．選ばれた仮説が真実であることは必ずしも要請されない．したがって，照らし合わせるデータが変わるたびに，そのつどアブダクションによる推論結果も変わる可能性がある．アメリカの哲学者・論理学者・科学者C・S・パースによって導入された概念．「最善の説明への推論（inference to the best explanation）」とも呼ばれる．

遺伝暗号（genetic code）
タンパク質のアミノ酸配列を決める暗号のこと．遺伝暗号の担い手は，DNAの塩基配列を転写したmRNAにおける三つ並びの塩基配列で，コドンと呼ばれる．コドンを構成する塩基は4種類（アデニン，グアニン，シトシン，ウラシル）なので，コドンの組み合わせは64通りとなるが，それによって指定されるアミノ酸は20種類しかない．そのため，同じアミノ酸が複数の異なるコドンによって指定される場合が生ずる．これを遺伝暗号の縮重（degeneracy）もしくは冗長性（redundancy）という．

遺伝子型と表現型（genotype and phenotype）

遺伝子型とは，表現型と対置される概念で，ある特定の遺伝子座（もしくは一群の関連した遺伝子座）における遺伝的構成のこと．単に，表現型の基礎にあると想定される遺伝的対応物という，漠然とした意味で使われることもある．二倍体生物の単一の遺伝子座についていえば，対立遺伝子 A, a の対として，AA, aa, Aa といった仕方で表現される．表現型とは，遺伝子型の情報が個体発生を通じて，環境との相互作用の下に実際の形質として発現したもの．→遺伝子座と対立遺伝子

遺伝子座と対立遺伝子（locus and allele）

染色体上で個々の遺伝子が占める部位を遺伝子座という（たとえば，目の色をになう遺伝子の遺伝子座）．各遺伝子座を占めうる，代替可能な複数の遺伝子を対立遺伝子という（たとえば，赤目の対立遺伝子や黒目の対立遺伝子）．

遺伝子プール（gene pool）

任意交配可能な個体の集団（メンデル集団）中に維持されている，（特定の遺伝子座に関する）対立遺伝子の全体集合．ある世代で自然選択その他の原因によってこの中の対立遺伝子の構成（頻度）が変化したとき，集団は「進化」したといわれる．そして次世代の各個体の遺伝子型は，その中からランダムに抽出された対立遺伝子の組とみなすことができる．→遺伝子座と対立遺伝子，遺伝子型と表現型

遺伝的浮動（genetic drift）

遺伝的浮動とは，有限数の個体から構成される集団において，繁殖時に配偶子がランダムに抽出されることによって，世代間で対立遺伝子頻度が変動する現象である．生物は繁殖時に多くの配偶子を作るが，次世代に寄与するのはその中のごく一部である．このとき，次世代の配偶子は現世代の配偶子からランダムに選ばれるため，世代間で集団内の遺伝子頻度が変化する．個体数が少ない集団ほど，遺伝的浮動の効果は大きくなる．かつて自然選択と遺伝的浮動の生物進化に及ぼす効果をめぐり激しい論争が展開されたが，現在では，少なくと

も分子レベルにおいて遺伝的浮動の効果は認められている．

か行

階層（hierarchy）
階層とは，要素間の順序性における構造の一つである．これは，含む・含まれる（全体・部分）関係にある入れ子型階層（nested hierarchy）と，包含関係にはない非入れ子型階層（non-nested hierarchy）に分けられる．前者には，「細胞－多細胞個体」のように物的実体の包含関係の構造を指す場合と，「リンゴ－果物」のように対象概念をクラスに分類する場合の集合論的な包含関係の構造を指す場合がある．非入れ子型階層は，包含関係にはない要素間の相互作用上の順序性を意味する．これには，食物連鎖における異種の個体間の関係や社会性動物の個体間の順序関係，細胞内のシグナル伝達や遺伝子の発現・制御にみられる分子間の連鎖的相互作用関係などがある．このいずれの意味においても，階層構造を持つシステムを階層システム（hierarchical system）と呼ぶ．

外適応（exaptation）
ある機能のために一度選択された適応形質が，その後別の機能を獲得すること．S・J・グールドとE・ヴルバによって，「適応」と区別するために導入された概念．たとえば鳥類の羽毛はもともとは体温調節のための形質として進化したが，その後飛翔という機能を獲得するようになった．すなわち，飛翔は羽毛にとっての外適応である．最初はなんら適応的な機能を持っていなかった発生上の副産物が，後に適応的な機能を獲得したものを，特にスパンドレルと呼んで区別することもある．　→適応，機能

確率の解釈（interpretation of probability）
確率とはいくつかの条件を満たした数学的概念であるが，それが何を意味するかについては様々な解釈がある．たとえば，競馬においてある馬が勝つかどうかを予想するとき，人は自らの信念に基づいて，その馬が勝つ確率を決める．これは，確率の主観的解釈と呼ばれるものである．また，公平なコインを数百回投げたときに，表の出る確率はおおよそ0.5になる．この確率付与には主観

的な要素が含まれておらず，それは客観的に解釈される．確率概念の解釈は，適応度など確率的に表現される生物学上の概念や法則をどう解釈するかという問題にかかわってくる．

下向因果　→上向因果と下向因果

カテゴリー　→タクソン・カテゴリー・ランク

還元（reduction）
XがYに存在論的に還元されるとは，存在物ないし性質Xの本性が，存在物ないし性質Yに他ならない（X is nothing but Y）こと——またはそれが示されること——である．XのYへの認識論的還元とは，記述Xの果たす認識行為（説明や予測）が記述Yの果たす認識行為ですべて尽くされること——またはそれが示されること——である．この記述が理論であるとき，それは理論間還元と呼ばれる．理論間還元の哲学的モデルはいくつかあり，それはたとえば理論導出や理論置換といった考えで具体化されてきた．→機能主義と機能的科学

還元論と全体論（reductionism and holism）
還元論とは，「複雑な現象も，それを下位レベル（ないし部分）に分解することにより，相対的に単純な下位レベルの原理や法則を用いて説明できる」と考える立場である．これに対して全体論は，「全体はその諸部分の総和以上のものである」という立場であり，単に部分についての理解を加算することによっては全体の理解は得られない，と考える．これは，下位レベルの諸法則では説明できない全体のレベル固有の法則性がある，と考える立場であるともいえる．
→還元

機械論と生気論（mechanism and vitalism）
生物に関する機械論とは，あらゆる生命現象は非生命現象と同一の原理，すなわち物理的な因果関係によって成り立っているとする立場．それに対し生気論は，生物界には単なる機械論的な因果性には還元されない固有の原理が存在す

るという主張．これまで生気論的な原理として提起されたものに，H・ベルグソンの「エラン・ヴィタール」，H・ドリーシュの「エンテレヒー」などがある．

擬人主義（anthropomorphism）
感情的・理性的・倫理的・文化的性質といった，通常は他の動物から人間を区別するとされるような心的能力が，他の動物にも（人間とまったく同じ形ではないかもしれないが，少なくとも萌芽的な形で）存在するという主張のこと．

機能（function）
生物が持つ形質の用途，働き，あるいは目的．起源説（etiological theory）によれば，自然選択による進化において，形質の維持・普及に貢献してきたような効果が，その形質の機能だとされる．他方，因果役割説（causal role theory）によれば，形質の機能とは，その形質が現在生体システムの中で果たしている役割のことである．

機能的性質と物理的性質（functional property and physical property）
ある存在物の機能的性質とは，それが特定の役割ないし目的を果たすという性質のことである．それに対して，ある存在物の物理的性質とは，物理学によって同定されるようなその物理的性質のことである．機能的性質は，物理学よりも高次の科学（たとえば生物学や心理学）によって同定されるといわれている．例を挙げれば，遺伝子の機能的性質はその働き（特定のタンパク質をコードすることなど）であり，遺伝子の物理的性質はその分子構造である．→機能主義と機能的科学

機能主義と機能的科学（functionalism and functional science）
機能主義とは，機能的性質によって対象を分析・分類しようとする立場．最初は心の哲学において，心的性質を物理的性質に還元しようとする試みに反対する反還元主義的な立場として提唱された．その後機能主義は生物学の哲学にも導入され，生物学は物理学に還元されるという主張に反対するための指針とな

った．心理学や生物学といった高次科学は，物理学とは異なり機能的性質を同定する科学であるので，機能的科学と呼ばれることがある．→機能的性質と物理的性質，還元，多重実現

機能的科学 →機能主義と機能的科学

規範言明 →事実言明と規範言明

究極原因 →至近原因と究極原因

グループ →個体群・デーム・グループ

クレード（clade）
ある祖先種から派生した子孫種の全体のこと．

系統（lineage）
共通の祖先から繁殖あるいは分岐によって生じた，（親－子－孫のような）祖先－子孫系列を形成する，生物学的実体の集団全体のこと．起点となる生物学的実体としては，遺伝子，細胞，個体，種など様々なものが考えられる．たとえば，一つの細胞を起点として，そこから分裂によって生じる細胞の集団全体を指す場合（特に，その集団が遺伝的に同一の場合はクローンと呼ばれる），変異と選択を通して進化する個体群を指す場合，また一つの祖先種を起点として，そこから種分化によって形成される種の集団全体を指す場合，などがある．

系統学的種概念（phylogenetic species concept）
W・ヘニックを創始者とする系統体系学（分岐学）で用いるために提唱された種の定義．二つの定義がこの名前を冠して提起されている．一つの定義では，種は共通祖先から由来する単系統群（→単系統と側系統）の中の最小のものである．もう一つの定義では，種は識別可能な集団の中で最も小さい集まりとなる．後者には，本質主義への逆行であり，また他から識別可能な最小単位を選

び出す際の基準が恣意的だ（たとえば，たった一個の識別可能な突然変異が起これば別種だといえるのか）という批判がある．

血縁選択　→包括適応度と血縁選択

決定論と非決定論（determinism and indeterminism）
決定論は，もともと全知全能の神によって未来がすでに決定されているという宗教的な主張であったが，ニュートン力学の成功により自然法則の特徴として理解されるようになった．その基本的主張は，ある時点における世界の状態（物体の位置や運動量など）によって別の時点における世界の状態が一意的に決まるというものである．ところが，20世紀に誕生した量子力学によって，電子のような原子下の物体の状態は一意的には決まらない（すなわちその位置と運動量は同時に正確には決まらない）と考えられるようになった．これは非決定論の考え方である．　→ラプラスの魔物

ゲノム（genome）
細胞あるいは配偶子に含まれる遺伝情報の全体のこと．この情報は，現生の生物ではDNAあるいはRNA（ウィルスの一部のグループの場合）の配列パターンとして存在する．この情報には，タンパク質合成の際に翻訳されるコード領域と，翻訳されない非コード領域が含まれる．

恒常的性質クラスター説（homeostatic property cluster theory）
自然種についての最近の説．R・ボイドなどが唱える．伝統的な説明では，ある自然種に属する対象は，本質的性質を共通に持つ（→自然種，本質主義）．それに対してこの説では，自然種は性質の集まり（クラスター）a, b, c, ...により特徴づけられるが，その自然種に属するために対象は性質a, b, c, ...をすべて持たなくてもよく，自然種間の境界線が曖昧になる．こうした性質には互いに相関があり（恒常性），背後にある因果メカニズムにより，ある対象が性質aを持つと，同時に性質bを持つ確率が高まる．生物種もこうした説に基づいて定義できるという立場が，最近注目されている．

互恵的利他行動（reciprocal altruism）
R・トリヴァースによって1972年に提唱されたもの．二個体がある行為——たとえば相手のノミを取ってやる，等——をやり取りする場合，（相手の行為から得る利益）＞（自身の行為に伴う損失）という関係が成り立つとき，こうした利他行動は安定的に進化しうるとした．これによって血縁選択理論では説明できない非近親者間の利他行動の進化が説明可能となった．→利他行動，包括適応度と血縁選択

個体群・デーム・グループ（population, deme, group）
個体群（population）とは，同種個体の集まりである．特に特定の地域に生息し，競争や協調，繁殖行動といった相互作用関係にある個体からなる個体群を，地域個体群という．デームは，集団遺伝学において，通常の仕方で交配しながら繁殖する同種個体の集まりを指す．これは，生態学で用いられる「地域個体群」とほぼ同じ対象を指すが，そうでない場合もある．また，集団遺伝学における集団（population）は，通常デームのことを意味している．グループの意味は文脈により多義的であるが，通常は世代内の個体の集まりを指す．しかしグループ選択の議論においては，個体選択に対置される概念として，種のレベルにおける集まりもグループの概念で捉えられる．なおこの"group"の訳語としては，邦語文献では——特に"population"の概念と区別する必要がない場合には——，「集団」あるいは「群」という表現が用いられることも多い（ちなみに本書第2章はもっぱら「グループ」の表現を採用しているが，第1・4・8・9章などでは「集団」の表現を用いている．また第6章では両表現を併用し，第7章では「群」を主として用いている）．

個物（individual）
「個体」とも訳される．属性，クラス，普遍などと対置される存在論的カテゴリー．バラク・オバマといった個人，ゲルニカといった絵画などが典型的な例．代表的な特徴は，時空上に特定の位置を占めて存在することや，変化を被ること．たとえばオバマ大統領は1961年に生まれて以後身長が変化しているが，

（個物の対立概念の）普遍である「赤さ」にはそうしたことは当てはまらない（「赤さ」の生年や大きさを問うことは無意味である）．「種の個物説」を唱えたM・ギゼリンやD・ハルは，対象を構成する部分間の凝集性を個物の特徴の一つとした．→種個物説

さ行

最適化仮説（optimality hypothesis）
過去の進化の途上である形質に関して様々な変異（代替形質）が存在していたとしても，現在に至るまでに，自然選択によってそれらの中の最適なものが選択され固定されているはずだという仮説ないしは研究戦略．J・メイナード＝スミスによって最初に導入された．これに対しては，現在まだ進化の途上にある形質は最適化されている保証はないとか，この仮説自体が検証不可能なアプリオリな前提にすぎない，といった批判がある．→人間社会生物学

至近原因と究極原因（proximate and ultimate causes）
至近／究極原因とは，生物の形態的もしくは行動的な形質の背景にある原因に関する区別である．至近原因とは，生物の形質がどのようなメカニズムを通じて生み出されるのかという問いに対する答えとなるような原因のことであり，機能生物学者が扱う生理学的要因や発生的要因などがこれに当たる．対象が人間行動の場合は，心理的メカニズムあるいは動機が至近原因となる．究極原因とは，そもそも生物はなぜ現在持っているような形質を持つようになったのか，という問いに対する答えとなるような原因のことである．これは結局のところ，進化生物学者が扱う選択的進化という要因に行き着く．

志向姿勢（intentional stance）
D・デネットの用語．対象をあたかも信念と欲求をもつシステムであるかのように見なすことによって，そのふるまいを説明する見方．デネットによれば，志向姿勢の適切な使用は，煩雑な因果的説明では得られないような簡便かつ経済的な説明を可能にする．

事実言明と規範言明（factual and normative judgments）
事実言明とは，通常文末が「である」という形で表現されるような，事実に関する言明のことである．「『である』言明」とも呼ばれる．規範言明とは，通常文末が「べし」という形で表現されるような，規範に関する言明である．「『べし』言明」とも呼ばれる．『である』言明だけから『べし』言明を演繹することはできない，という原則のことをヒュームの法則という．

自然種（natural kind）
人間による認知的分類作業からは独立に，自然の中に実在する種類．酸素やウランといった化学元素が代表的な例．伝統的な本質主義的説明では，ある自然種に属する対象は，共通の性質（本質）をもち，その本質によってそうした対象のふるまいが予測・説明される．たとえば，各々のウラン同位体原子はそれ固有の原子構造（同じ陽子数〔原子番号〕と，異なる質量数）をもち，それによってそのふるまいが特徴づけられる（別の説明については「恒常的性質クラスター説」を参照）．生物種も自然種の典型例とされてきたが，M・ギゼリンやD・ハルは，種は自然種ではないと主張した．→本質主義，個物，種個物説，恒常的性質クラスター説

自然選択の単位（units of natural selection）
生物世界の階層構造（対立遺伝子，遺伝子型，染色体，細胞，個体，集団，種，群集，etc.）におけるどのレベルで自然選択が作用するのか——すなわち個々の選択過程において実際に上記のどのレベルで「生存闘争」が生じるのか——という問題．ダーウィンは典型的な個体選択主義者だったが，個体選択の観点からは説明困難な利他行動の現象が（人間のみならず）広く生物界で発見されたことから，その後集団選択や遺伝子選択といった考え方が登場してきた．→利他行動

実在論と唯名論（realism and nominalism）
中世の神学上の普遍論争では，普遍（類）の形而上学的な地位が問題となった．一方の実在論者（realist）は普遍は実在すると主張したのに対し，他方の唯名

論者（nominalist）は普遍は実在せず単に名のみであって，普遍の構成要素である個物のみが実在すると反論した．現代の生物体系学における，種（species）をめぐる論争（「種問題」と総称される）の存在論的側面，とくに「種」の実在性に関わる形而上学的論争は，現代版の普遍論争と見なすことができる．

集団適応度（group fitness）
個体の集団が持つ適応度のことであり，二つのタイプの定義がある．一つめは，集団を構成する個体の平均適応度である．仮に二つの集団の個体数が同じなら，集団の適応度（集団に属する個体の平均適応度）が高い集団は，総数としてより多くの子を産出することになる．ここでは，個体集団Xからその子集団が何個生み出されるかは問わず，その集団から生まれた子集団すべてに含まれる個体の総数を求め，それをXのはじめの個体数で割った値を集団の適応度とする．二つめは，集団が生み出す子集団の数を問題とする場合である．この場合は，集団の存続率（生存率）と分裂率（子集団の産出率）の積を集団の適応度とする．これは，種選択を扱う際の種の適応度の定義に用いられる． →適応度

種個物説（species individuality thesis）
M・ギゼリンが1960年代から主張し続けている種タクソンの形而上学的地位に関する主張．彼の考えでは，個々の種タクソンは，その時空的限定性・歴史的唯一性・機能的統合性などいくつかの条件を満たすことから，ある条件を満たす集合としてのクラス（class）ではなく，生物個体（organism）に比せられる個物（individual）であるとみなされる．長らく決着がつかなかった種問題への一つの有力な解決案として，この種個物説は生物体系学における生物学哲学の重要な論点の一つとなっている． →個物

準分解可能性（near decomposability）
構成要素間の相互作用の強さ，あるいはその頻度に基づいて，システムを複数のサブシステムにほぼ分解できることをいう．「準」とは，完全にではなく「ほぼ」という意味であり，異なるサブシステムに属する構成要素間にも相対的に弱い，あるいは低頻度の相互作用が存在する．

上向因果と下向因果（upward causation and downward causation）
入れ子型の階層化された物的システムにおいて，下位のレベルの実体間の相互作用が上位レベルの実体の構造・構成・挙動等を規定していることを上向因果といい，逆に，上位レベルの実体間の相互作用が下位レベルの構造・構成・挙動等を規定していることを下向因果という．還元論者は，下位のレベルから上位レベルが説明できると考える立場なので，下向因果は認めない．一方，下向因果論者は全体論の立場に立つが，上向因果も認めている場合が多い．また，そもそも因果の意味をどう捉えるかという点に関しても論争がある．→階層

小進化　→大進化と小進化

進化心理学（evolutionary psychology）
1980年代末から90年代初頭にかけて，D・サイモンズ，J・トゥービー，L・コスミデスらによって開始された研究プログラム．この研究プログラムが開始された当初は，人間の心を，われわれの祖先が狩猟採集生活を営んでいた更新世（約180万年前～1万年前）の時代における生存・繁殖上の適応課題（adaptive problems）——たとえば，食用となる植物を見分けるとか，より多くの子を残せそうな配偶者を獲得するなど——に対処すべく形成された適応形質であるとみなす適応主義的な方法論が強調された．しかし，現在では方法論も多様化しつつある．→心的モジュール

進化的適応環境（environment of evolutionary adaptedness：EEA）
広義には，ある生物のある特定の形質が適応的に進化してきた環境を指す．ヒト属（*Homo*）の出現と進化はほぼ180万年前から1万年前までの更新世の時期に重なるので，ヒト固有の主要な形質はこの時期に進化してきたと考えられる．それゆえ一部の進化心理学者は，われわれ人間の心理形質もこの更新世の環境の産物であると想定する（→進化心理学）．この意味において，更新世の環境は特に，ヒトにとってのEEAである．

進化的利他性と心理的利他性（evolutionary altruism and psychological altruism）
進化的利他性とは，自己の適応度を犠牲にして他者の適応度を増大させる性質のことである．これに対して進化的利己性とは，他者の適応度を犠牲にして自己の適応度を増大させる性質のことである．また心理的利他性とは，他者に利益をもたらす行動の動機となる心理状態のことである．これに対して心理的利己性とは，自己に利益をもたらす行動の動機となる心理状態のことである．
→利他行動

進化倫理学（evolutionary ethics）
進化倫理学とは，進化論の知見に基づいた倫理学へのアプローチのことである．これは進化記述倫理学，進化規範倫理学，進化メタ倫理学の三分野に分かれる．進化記述倫理学とは，倫理の進化的起源を探究する分野である．進化規範倫理学とは，進化論の知見を活用して派生的規範や根本的に新しい倫理規範を導出する試みのことである．進化メタ倫理学とは，倫理の客観性などのメタ倫理学の論点についての進化論的見地からの考察のことをいう．

心的モジュール（mental module）
進化心理学における心的モジュールとは，J・フォーダーの『心のモジュール性』（1983）の主張に由来する考えで，特にその機能的特化（functionally-specialization）もしくは領域特異性（domain-specificity）といった性質を強調したものである．これは，心は領域一般的（domain-general）な汎用コンピュータのようなものだという，従来の認知科学における機能主義的な心の理解に対するアンチ・テーゼという性格を持つ．しかしそれは，フォーダーのものとは異なり，単に知覚情報処理などの末端機能だけでなく思考・推論などの中枢機能も含めた心の機能の大部分（あるいはそのすべて）がモジュールから構成されているという主張──モジュール集合体仮説（massive modularity hypothesis）と呼ばれる──をともなっている． →進化心理学

心理的本質主義（psychological essentialism）
事物にはその性質を規定する本質（essence）が不可視的に潜在するとみなす

ヒトの心理的性向．そのような本質が実際にあることを仮定する方法論的本質主義（methodological essentialism）とは異なり，心理的本質主義はわれわれヒトが生得的に有する心理的特性であると考えられている．

心理的利他性 →進化的利他性と心理的利他性

生気論 →機械論と生気論

生殖隔離（reproductive isolation）
二つの生物集団（あるいはその集合体）の間に，生殖を介した遺伝的交流が存在しないこと．生殖隔離を生じさせるメカニズムは生殖隔離機構と呼ばれる．それには，集団間の生殖活動が（地理的隔離などによって）妨げられる場合と，生殖活動がなされても雑種個体が生まれない場合，そして雑種個体が生まれても不妊などの理由で将来世代にわたって雑種系統が存続できない場合がある．

生物学的種概念（biological species concept）
相互交配可能性のアイデアに基づいた有力な種の定義．1940年代の「進化の総合説」の確立に伴い，T・ドブジャンスキーやE・マイアといった生物学者によって提起された．マイアによる元来の定義では，「他の同様の集まりから生殖隔離された，相互交配する自然集団の集まり」．こうした集まりの内部では遺伝子流動によって遺伝子プールの同一性が維持され，他の集まりの遺伝子プールから区別されることになる．

生物体系学（biological systematics）
多様な生物に関する知見に基づいて体系化（systematization）を行う学問を生物体系学と呼ぶ．体系学（systematics）・分類学（taxonomy）・系統学（phylogenetics）をどのように定義して用いるかについては人によって意見が異なる．本書では，対象生物間の類似度に基づく体系化を分類学，系統関係（祖先子孫関係）の推定に基づく体系化を系統学と呼び，両者を総称して体系学と見なすことにする．

全体論　→還元論と全体論

相互作用子　→複製子・乗り物・相互作用子

側系統　→単系統と側系統

た行

大進化と小進化（macroevolution and microevolution）
大進化とは，種，あるいはそれ以上のレベルの生物学的実体において起こる進化的変化である．特に，種の分化と絶滅を通して生じる系統の進化的パターンのことをいう．小進化とは，種内の個体集団の遺伝的構成（遺伝子プールにおける対立遺伝子頻度）の変化をいう．

タイプとトークン（type and token）
タイプとは，ある一定の性質を有した対象の抽象的概念，あるいはそうした性質を有した個々の対象（トークン）を包摂する集合のこと．トークンとは，タイプを具体的に実現している，時空間中に存在する個々の物理的対象．「自転車は便利な乗り物だ」というときの「自転車」はタイプであり，「うちのガレージにおいてある自転車」というときの「自転車」はトークンである．遺伝情報の媒体という観点から見た遺伝子はタイプであり，個々のDNA上の特定の部位を占める物理的実体として見た遺伝子はトークンであるといえる．

対立遺伝子　→遺伝子座と対立遺伝子

タクソン・カテゴリー・ランク（taxon, category, rank）
生物の分類体系は多数の分類群からなるが，タクソンはある特定の分類群のことである．ホモ・サピエンスや霊長目がタクソンの例である．個々の分類群は特定のランクにおかれる．たとえば，ホモ・サピエンスは種というランク，霊長目は目というランクにおかれる．カテゴリーはあるランクにおかれたタクソ

ンの集合である．たとえば種カテゴリーは，ホモ・サピエンス，キイロショウジョウバエ，セイタカアワダチソウ……といった種を含むカテゴリーである．

多重実現（multiple realization）
高次科学で同定されるある性質が，低次科学で同定される様々な種類の性質によって実現されること．特に，特定の役割を果たすという性質（機能的性質）が，様々な種類の物理的素材（物理的性質）によって多重実現可能であるという言い方がしばしばなされる．生物学の哲学では，生物学が同定する機能的性質（例：特定のアミノ酸を指定する遺伝暗号）が複数の物理的性質（例：異なる複数のコドンを実現している異なる分子構造）によって多重実現するために，生物学理論が物理学理論に還元できないとする議論がある．→遺伝暗号，機能的性質と物理的性質，機能主義と機能的科学

単系統と側系統（monophyly and paraphyly）
単系統群は，ある祖先とその子孫すべてからなるグループである．側系統群は，ある祖先とその子孫の一部（すべてではない）からなるグループである．W・ヘニックを始祖とする分岐学においては，単系統群のみが正当な分類群として認められ，側系統群は分類体系の中に組み入れられない．しかし，爬虫類といったグループも側系統群であるため，こうしたなじみのあるグループが分岐学の下では正当な分類群として認められなくなる，という批判もある．

適応（adaptation）
過去の進化史において，生物の生存・繁殖に貢献するがゆえに自然選択において有利となり，現在まで維持されてきた形質を適応という．一方，過去の進化史にはかかわりなく，単に現在の環境において有利であるような形質は適応的（adaptive）であるといわれる．→適応主義，外適応

適応主義（adaptationism）
生物の形質を，もっぱらそれが現在有している適応価に着目することによって，過去の適応的な進化の産物として説明しようとする立場．S・J・グールドと

R・ルウィントンは，進化生物学は得てして適応主義に偏りがちで，自然選択が作用する前提となる発生的制約，中立進化などの偶然的な要因，あるいは突発的な環境変動などの非生物学的な要因による説明をないがしろにする傾向にあると批判した．→最適化仮説，適応主義

適応度（fitness）
一般的には，生物の生存と繁殖の能力をはかる尺度のこと．生存の能力とは，生物が成体になるまで生き残れる能力のことで，繁殖の能力とは，後の世代に子孫を残す能力のことである．個体の適応度は，個体が成体になるまで生存する割合と，その個体が生む子の数の期待値の積で表される．また形質の適応度は，その形質を持つ個体の適応度を集団全体にわたって平均したものである．通常，形質の適応度がよく用いられる．なお，包括適応度については別項目を参照．→包括適応度

デーム →個体群・デーム・グループ

統一科学（unified science）
論理実証主義に属する哲学者らが提唱した，諸科学を体系化しようとする思想的プログラム．彼らは，科学理論は少数の公理とそれらから導出される一般言明の体系であるという考えに基づいて，諸科学の理論を公理化しようとした．この考えはときに，基礎科学である物理学の理論に，生物学・心理学・社会科学といった一連の個別科学の理論が還元される（されるべきである）という認識論的な物理学的還元主義とともに主張される．

トークン →タイプとトークン

突然変異（mutation）
DNA複製時のエラーや化学物質・放射線などの影響によってDNA分子の塩基配列が変化すること．突然変異にはいくつか種類がある．塩基の一部が別の塩基に変わることを置換，塩基配列の一部が失われることを欠失，塩基配列の

途中に別の塩基が入ることを挿入，塩基配列の順序が部分的に逆向きになることを逆位と呼ぶ．また，一塩基だけが変化するものを点突然変異と呼ぶ．

な行

二重継承説（dual inheritance theory）
人間行動は遺伝子と文化の「二重」の経路で継承されるというアイデアに基づいた，人間行動の研究プログラム．1980年代半ば頃にR・ボイド，P・リチャーソンによって体系的に展開され始めた．文化は遺伝的進化の産物であるだけでなく，遺伝的進化を促進することもあるという立場から，いくつかの模倣バイアス（権威／順応バイアスなど）に基づいた文化の継承や，文化的集団選択による利他行動の進化などの説明を試みている．

人間行動生態学（human behavioral ecology）
人間社会生物学の基本的な主張を踏襲しつつ，同時に行動生態学から表現型戦略（phenotypic gambit）という方法論を取り入れ，1990年代初頭に開始された人間行動の研究プログラム．人間行動生態学での表現型戦略とは，行動の背後にある心理メカニズムに関する詳細はひとまず括弧に入れ，行動という表現型が最適化されているかどうかに注目するというもの．

人間社会生物学（human sociobiology）
E・O・ウィルソンが創始したものが有名だが，より着実な研究伝統としては，R・アレグザンダーやN・シャグノン，W・アイアンズなど一部の人類学者を中心とし，1970年代末から80年代にかけて展開された研究プログラムを指す．環境によって異なる多様な人間行動が，その異なる環境で最適化されたものだという仮説（最適化仮説）の下で研究を進めようとした．→最適化仮説

脳機能マッピング（functional brain mapping）
神経・心理機能を脳の特定の構造的部位に対応させた地図を作製すること．感覚，認知，言語，注意，記憶，情動，運動制御といった一連の機能が，特定の脳部位（とりわけ大脳の部位）に帰属される．脳機能マッピングは，神経心理

学における損傷研究や，神経生理学におけるニューロン活動の研究，認知神経科学における脳機能イメージング技術を用いた研究などによって進展してきた．

乗り物 →複製子・乗り物・相互作用子

は行

配偶子（gamete）
合体や接合によって新しい個体をつくる生殖細胞．ヒトの場合，卵子や精子のこと．

表現型 →遺伝子型と表現型

非決定論 →決定論と非決定論

頻度依存型選択（frequency dependent selection）
生物個体のある特定の性質（例：攻撃性）に関して複数の対立する表現型（例：攻撃的／友好的）があるとき，特定の表現型個体の適応度が一定でなく（それが置かれている外的な環境のみによっては決まらず），集団内における他の対立する表現型個体の頻度（例：友好的な個体の頻度）に応じて変動するとき，こうした文脈依存的な適応度によって進行する選択過程を頻度依存型選択という．

複製子・乗り物・相互作用子（replicator, vehicle, interactor）
複製子とは，選択進化の過程でコピーされることで増殖し祖先－子孫系列を形成するようなあらゆる実体を指す．乗り物とは，そこに「乗っている」複製子によって構築され，その複製子の存続と伝播のためにプログラムされた生存機械を指す．R・ドーキンスにおいては，複製子と乗り物はほぼ遺伝子と生物個体に対応する．これに対してD・ハルは，乗り物に換えて相互作用子の概念を導入し，複製子の複製見込みに影響を与えうる，生物個体以外の実体（たとえばゲノムとか集団など）をも包括しうるように，乗り物の概念を一般化した．

物理的性質 →機能的性質と物理的性質

分子系統学 →分子進化学と分子系統学

分子進化学と分子系統学（molecular evolution and molecular phylogenetics）
分子進化学とは，DNAの塩基配列やタンパク質のアミノ酸配列，さらにはそれら高次構造やゲノム全体の構成がどのように進化してきたかを研究する分野である．分子系統学は，分子進化学の知見を踏まえて，生物間の系統関係を分子レベルの形質情報を用いて推定する研究分野である．近年の分子系統学は，生物学のみならず，統計学・数学・コンピュータ科学をも巻き込んだ複合科学としての性格を帯びるようになってきた．

分類学的種概念（taxonomic species concept）
種の定義の一つ．この定義では種を，（主に形態において）相互に類似した個体の集まりと考える．したがって，形態的（morphological）種概念とも呼ばれる．これは分類学者の間で慣習的に用いられてきた考え方で，実用的には問題がない場合も多い．しかし，この定義では別種・同種の判定が主観的になる，あるいはこの定義は種についての本質主義と親和的である，といった批判がある．

ヘテロ接合体とホモ接合体（heterozygote and homozygote）
ヘテロ接合体とは，着目する特定の遺伝子座に関して，対立遺伝子の異なる二つの配偶子が接合することによって生じた二倍体生物個体．ホモ接合体とは，着目する特定の遺伝子座に関して，対立遺伝子が同じ二つの配偶子が接合することによって生じた二倍体生物個体．対立遺伝子がA, aの場合，前者は遺伝子型Aaを含む個体で，後者は遺伝子型AAまたはaaを含む個体．→配偶子

包括適応度と血縁選択（inclusive fitness and kin selection）
利他行動の進化のパラドクスを説明するためにD・ハミルトンによって導入された考え方．個体に利他行動をさせる利他的遺伝子の視点から見たとき，自らと同じコピーを含んでいる確率（すなわち血縁度）がrであるような近縁他個体

の生存・繁殖を援助して利益Bを施すことが進化的に有利となるのは，この援助によって自らと同じコピーを持つ個体が受けることになる利益の期待値rBが，その援助に伴うコストcを上回っているとき——すなわち$rB>c$が成り立つとき——である（ハミルトンの法則）．このように遺伝子の観点から，当の個体だけでなくその近縁個体の利益をも$\overset{\cdot}{包}\overset{\cdot}{括}\overset{\cdot}{し}\overset{\cdot}{て}$とらえた適応度を包括適応度といい，血縁集団内で包括適応度を上昇させるような選択過程を血縁選択という．
→利他行動

ホモ接合体　→ヘテロ接合体とホモ接合体

ホムンクルス（homunculus）
創作的な小人．ある対象の働き（例：視覚イメージ）を説明するために，その対象と同じ働きをもったひとまわり小さな存在者（例：脳の視覚中枢の「スクリーン」に投影されたイメージを「観ている」小人）を対象のうちに措定すると，今度はその存在者の働きを説明するために，さらにひとまわり小さな存在者（例：小人の脳の中の小人）を再び措定しなければならなくなり，無限後退を招く．このような説明様式を揶揄的に表現するために，そこで措定されている存在者をホムンクルスと呼ぶ．

ホモロジーとアナロジー（homology and analogy）
異種の個体間で同様の形質が見られる場合，その理由として二つが考えられる．一つは両種が共通の祖先からその形質を受け継いだ場合で，これを相同またはホモロジーという．もう一つは起源は異なるが，類似の環境下での自然選択により同様の形質が進化する場合であり，これは相似またはアナロジーと呼ばれる．

本質主義（essentialism）
本質とは，対象x（のメンバー）がxである限り持っているような性質（そしてx以外の対象が持っていない性質）のことである．広義の本質主義は，そうした本質的性質が存在するという見方である．生物学の哲学における「本質主義」

は,自然種についての本質主義という意味で使われることが多い.分類学史では,E・マイアなどによって「ダーウィン以前の分類学は,生物種は本質的性質を持っていると考えたが,進化論によってそうした考えが覆された」とする説(「本質主義伝説」と呼ばれる)が唱えられてきたが,最近の研究によってこの説には疑問符がつけられている. →自然種,恒常的性質クラスター説

ま行

ミーム(meme)
R・ドーキンスが『利己的な遺伝子』(1972)で主張した文化進化の単位.複製子の一種であり,文化はこのミーム間の競争と選択によって進化すると考えられた.1990年代に入ってS・ブラックモアやD・デネットなどによって,ミーム論はさらに展開される.

メタファーとメトニミー(metaphor and metonymy)
レトリック(修辞学)の用語としてのメタファー(隠喩)とは,ある特徴に関してよく似た二つの対象を類似性に基づいてグルーピングすることである.一方,メトニミー(換喩)とは,観察された部分から隠された全体を連想させるレトリックの一手法である.P・トールは,分類学とはメタファーに基づく体系化であるのに対し,系統学とはメトニミーに基づく体系化であると主張した.

メトニミー →メタファーとメトニミー

メレオロジー(mereology)
全体(whole)とそれを構成する部分(part)に関する形而上学の理論体系をメレオロジーと呼ぶ.集合(set)とそれを構成する要素(component)に関する集合論は包含関係(「AはBを含む」)という半順序関係によって体系づけられる.それと同様に,メレオロジーは部分関係(「AはBの部分である」)という半順序関係によって一つの論理体系を形成する.

目的論と目的律（teleology and teleonomy）
ある事象が，何らかの目的に資するように考えられるとき，その事象は合目的（purposive）であるといわれる．目的論とは，そうした合目的事象を，目的の観点から説明するような説明方式である．たとえば，降雨システムは地上の動植物の生育に必要な水分を提供する目的のために（神の慈悲によって）存在するとか，心臓は血液循環という目的のために存在する，といった説明がこれにあたる．これに対し目的律は，「生物が持つ合目的かつ目標指向的（goal-directed）な行動や性質は，あくまで自然選択による進化という機械的なプロセスの産物として存在する」という原理のことである．これは，上記の，しばしば宗教的・形而上学的な含意をともなう「目的論」の概念と区別するために，C・S・ピッテンドレーにより導入され，E・マイアなどによって普及させられた概念である．　→至近原因と究極原因

目的律　→目的論と目的律

や行

唯名論　→実在論と唯名論

ら行

ラプラスの魔物（Laplace's demon）
ラプラスは，18世紀後半から19世紀にかけて活躍したフランスの科学者である．彼は，ニュートン力学の描く世界観を説明するときに，全知全能の知性を想定した．このような知性は，あらゆる物体の状態を完全に知ることができ，かつニュートン力学の諸法則からその物体の過去と未来の状態を一意的に計算することができる．そのことから，ラプラスは世界が決定論的であることを説明した．後に，この知性はラプラスの魔物と呼ばれるようになった．　→決定論と非決定論

ランク　→タクソン・カテゴリー・ランク

利他行動(altruistic behavior)
その行動を行う当の個体の適応度を減じるが，それによって当の個体と相互作用する他個体の適応度を増大させるような行動．あくまでダーウィン的適応度（生存・繁殖の成功度）に基づいて生物学的に定義される——それゆえ昆虫などにも適用可能な——概念であり，倫理的な利他精神とか自己犠牲の精神とかとは無関係．→自然選択の単位，包括適応度と血縁選択，進化的利他性と心理的利他性

利己的遺伝子(selfish gene)
自然選択による進化を，生物個体や集団ではなく，遺伝子どうしの生存闘争の結果として見る「遺伝子の目から見た進化観(gene's eye view of evolution)」を唱えるもの．R・ドーキンスが，G・C・ウイリアムズ等によって提唱されていた進化学説を発展させたもの．ただし「利己的」という語はあくまで比喩的表現であり，何らかの心理的性質の存在を含意するものではない．

リバース・エンジニアリング(reverse engineering)
技術者が完成品からその構造の用途を探るように，生物の形態や行動からそれが進化してきた選択環境を推論すること．逆に一定の環境を所与として，そこからどのような形態が選択進化するかを推測する手法は，適応的思考(adaptive thinking)と呼ばれる．

倫理の主観説(ethical subjectivism)
倫理的な区別は人間の主観的基準（感情や思考）に依存して決まるという主張のこと．これによれば，たとえば「他人を助けるのが正しい」というような倫理言明は，その客観的な真偽を問えないことになる．

人名索引

A

Aizawa, Kenneth（アイザワ, K.）　108, 109
Alexander, Richard（アレグザンダー, R.）　164, 165, 166, 224
Amundson, Ron（アマンドソン, R.）　71
Aristoteles（アリストテレス）　40, 43, 53, 61, 146

B

Bechtel, William（ベクテル, W.）　107, 109, 111, 114, 115, 118
Bergson, Henri（ベルグソン, H.）　211
Bessey, Charles E.（ベッシー, C. E.）　157
Bickle, John（ビックル, J.）　106
Blackmore, Susan（ブラックモア, S.）　228
Blumenbach, Johann Friedrich（ブルーメンバッハ, J. F.）　67
Bohr, Niels（ボーア, N.）　77
Bouquet, Mary（ブーケ, M.）　159
Boyd, Robert（ボイド, R.）　168, 169, 170, 172, 213, 224
Brandon, Robert（ブランドン, R.）　81, 82, 83, 84, 85, 86, 87, 88, 91, 93
Brigandt, Ingo（ブリガント, I.）　137
Bronn, Heinrich Georg（ブロン, H. G.）　153

C

Campbell, Donald（キャンベル, D.）　41, 42, 44
Cantor, Georg（カントール, G.）　29
Carruthers, Peter（カラザース, P.）　164
Carson, Scott（カーソン, S.）　81, 84
Cavalli-Sforza, Luigi Luca（カヴァリ=スフォルツァ, L. L.）　168, 169
Chagnon, Napoleon（シャグノン, N.）　224

Churchland, Patricia（チャーチランド, P.）　106, 109, 110, 118
Cosmides, Leda（コスミデス, L.）　173, 174, 218
Croce, Benedetto（クローチェ, B.）　144
Cuvier, Georges（キュビエ, G.）　67, 68

D

Darwin, Charles（ダーウィン, C.）　1, 36, 37, 45, 61, 68, 71, 77, 78, 90, 121, 137, 141, 144, 146, 147, 148, 149, 153, 159, 164, 185, 186, 190, 192, 216
Dawkins, Richard（ドーキンス, R.）　2, 3, 4, 5, 6, 7, 10, 12, 13, 14, 16, 225, 228, 230
Dennett, Daniel（デネット, D.）　56, 66, 71, 113, 114, 215, 228
de Waal, Frans（デ=ワール, F.）　190
Dobzhansky, Theodosius（ドブジャンスキー, T.）　220
Driesch, Hans（ドリーシュ, H.）　39, 57, 58, 211
Dugatkin, Lee A.（ドガトキン, L. A.）　14, 20, 23
Dupré, John（デュプレ, J.）　130

E

Ehrlich, Paul（エーリック, P.）　126
Einstein, Albert（アインシュタイン, A.）　76
Eldredge, Niles（エルドリッジ, N.）　39
Enç, Berent（エンチ, B.）　106
Ereshefsky, Marc（エレシェフスキー, M.）　135

人名索引

F

Feldman, Marcus W.（フェルドマン, M. W.）168, 169
Feyerabend, Paul（ファイヤアーベント, P.）97, 110
Fisher, Ronald（フィッシャー, R.）4
Fodor, Jerry（フォーダー, J.）100, 103, 105, 174, 175, 176, 177, 219

G

Galileo（ガリレオ）57
Gelman, Susan A.（ジェルマン, S. A.）151
Geoffroy Saint-Hilaire, Etienne（ジョフロワ・サンチレール, E.）68
Ghiselin, Michael（ギゼリン, M.）132, 133, 148, 149, 215, 216, 217
Gillett, Carl（ジレット, C.）108, 109
Ginzburg, Carlo（ギンズブルグ, C.）155, 156
Gould, Stephen Jay（グールド, S. J.）1, 69, 70, 166, 209, 222
Graves, Leslie（グレイブス, L.）78

H

Haeckel, Ernst（ヘッケル, E.）153, 159
Haldane, John Burdon Sanderson（ホールデン, J. B. S.）4, 61
Hamilton, William Donald（ハミルトン, W. D.）2, 3, 14, 15, 16, 19, 226
Hennig, Willi（ヘニック, W.）212, 222
Hooker, Clifford（フッカー, C.）106
Horan, Barbara L.（ホーラン, B. L.）78
Hull, David（ハル, D.）4, 103, 131, 132, 133, 150, 151, 215, 225
Hume, David（ヒューム, D.）190, 198, 199, 202

I

Irons, William（アイアンズ, W.）224

J

Jacob, Francois（ジャコブ, F.）61

K

Kant, Immanuel（カント, I.）32, 67
Kitcher, Philip（キッチャー, P.）10, 11, 12, 13, 14, 103, 130
Klapisch-Zuber, Christiane（クラピシュ・ズベール, C.）159
Kuhn, Thomas（クーン, T.）110

L

Laplace, Pierre-Simon（ラプラス, P. S.）75, 77, 78, 81, 92, 229
Lewontin, Richard（ルウィントン, R.）7, 11, 36, 69, 166, 223
Linné, Carl von（リンネ, C. v.）146, 148, 149
Lorenz, Konrad（ローレンツ, K.）2, 164
Lycan, William（ライカン, W.）113, 114

M

Macaulay, Robert（マコーレイ, R.）109, 110
Matthen, Mohan（マサン, M.）135
Maynard Smith, John（メイナード＝スミス, J.）10, 14, 215
Mayr, Ernst（マイア, E.）61, 90, 124, 125, 126, 220, 228, 229
Michael, John（ミハイル, J.）189
Millikan, Ruth（ミリカン, R. G.）62, 63
Millstein, Roberta（ミルスタイン, R.）86, 87, 88, 89
Mundale, Jennifer（マンデール, J.）107, 109, 115

N

Nagel, Ernest（ネーゲル, E.）95, 96, 97, 99, 100, 101, 110, 118

人名索引 233

O

Okasha, Samir（オカーシャ, S.）　21
Owen, Richard（オーウェン, R.）　69

P

Paley, William（ペイリー, W.）　61, 72
Peirce, Charles Sanders（パース, C. S.）　154, 207
Pittendrigh, Colin（ピッテンドレー, C.）　61, 229
Putnam, Hilary（パトナム, H.）　100, 103

R

Raven, Peter（レイヴン, P.）　126
Reeve, Hudson. K.（リーヴ, H. K.）　14, 20, 23
Richerson, Peter（リチャーソン, P.）　168, 169, 170, 172, 224
Romanes, George（ロマーニズ, G.）　190
Rosenberg, Alexander（ローゼンバーグ, A.）　78, 79, 80, 81, 85, 86, 87, 88, 89, 90, 91
Rudwick, Martin J. S.（ルドウィック, M. J. S.）　66
Ruse, Michael（ルース, M.）　200, 201, 202, 203

S

Schaffner, Kenneth（シャフナー, K.）　98, 99, 100, 110, 118
Shapiro, Lawrence（シャピロ, L.）　106
Simon, Herbert（サイモン, H.）　30, 33
Sober, Elliott（ソーバー, E.）　3, 7, 8, 9, 10, 11, 17, 18, 20, 22, 71, 90, 91, 92, 201
Stamos, David（ステイモス, D.）　83, 84
Sterelny, Kim（ステレルニー, K.）　10, 11, 12, 13, 14, 20, 23, 171, 172
Symons, Donald（サイモンズ, D.）　173, 218

T

Taylor, Charles（テイラー, C.）　55, 62
Templeton, Alan（テンプルトン, A.）　126
Tooby, John（トゥービー, J.）　173, 174, 218
Tort, Patrick（トール, P.）　155, 228
Trivers, Robert（トリヴァース, R.）　214
Tucker, Aviezer（タッカー, A.）　159

V

Van Valen, Leigh（ヴァン=ヴェイレン, L.）　126
Vrba, Elizabeth（ヴルバ, E.）　50, 209

W

Waddington, Conrad Hal（ウォディントン, C. H.）　60
Wade, Michael（ウェイド, M.）　3, 17, 18
Weber, Marcel（ウェーバー, M.）　90, 91
Whewell, William（ヒューウェル, W.）　142, 143, 144, 157, 158
Williams, George C.（ウイリアムズ, G. C.）　2, 3, 4, 7, 10, 12, 14, 230
Wilson, David S.（ウィルソン, D. S.）　3, 17, 18, 20, 22, 47
Wilson, E. O.（ウィルソン, E. O.）　164, 196, 197, 198, 199, 200, 202, 203, 224
Wimsatt, William（ウィムザット, W.）　109
Wittgenstein, Ludwig（ヴィトゲンシュタイン, L.）　134
Wright, Larry（ライト, L.）　62
Wright, Sewall（ライト, S.）　3, 4, 38
Wynne-Edwards, Vero（ウィン=エドワーズ, V.）　2, 3, 47

事 項 索 引

*太字は用語解説の項目.

ア行

アブダクション　154, 156, 158, 159, **207**
遺伝暗号　86, 91, **207**
遺伝子　38, 50, 103, 104
　——環境　11, 14
　——選択　4, 6, 7, 10, 12-16, 20, 21, 23
　——の目から見た進化　1, 3, 4
遺伝的浮動　79, 80, 84, 87-89, 91, **208**
一般化　90
一般還元 – 置換モデル　99
延長された表現型　2, 3, 12
オートポイエーシス　33

カ行

階層　27-31, 33, 34, 36, 38-40, 43-46, 50, **209**
外適応　69, 70, **209**
確率　75-77, 79-81, 84, 85, 90, 93
下向因果　28, 30, 35, 40-44, **210**
型の一致　69
カテゴリー　132, **221**
鎌状赤血球　7, 8, 11, 21
還元　59, **210**
　——主義　39
還元 – 消去連続体　110, 118
機械論的分解　111-118
起源説　62, 64, 65, 68
擬人主義　190, 191, **211**
機能　61-65, 68, 69, **211**
　——主義　105, **211**
規範言明　198, 199, **216**
規約主義　12, 13, 23
儀礼的戦闘　2
グループ選択　47, 48
形質集団　18, 19, 21

サ行

系統　37, 47, 48, 51, **212**
　——樹思考　144, 152, 155-158, 160
　——推定　141, 153, 154
血縁度　16, 17, 19
決定論　75-81, 85, 87, 91, 93, **213**
ゲノム　38, 39, **213**
減数分裂　5, 14
古因科学　142, 144, 157-160
恒常性性質クラスター説　122, 133-136, **213**
個体　34-36, 38-41, 44-49, 51, 78, 82, 92
　——群　34-39, 43, 47, 51, **214**
　——選択　2, 4, 7, 12, 14, 15, 16, 19, 20, 21, 23
古典的還元モデル　95-101, 113, 118

サ行

最適化仮説　164-165, 178, **215**
細胞　33-35, 38, 40
志向姿勢　56, **215**
事実言明　198, **216**
システム　28-31, 34, 36, 39, 40
自然種　102, 103, 122, 132, 134, 135, 149, **216**
自然選択　36-42, 45, 50, 63-65, 71, 79, 80, 82, 87-89
　頻度依存の——　82
実在　51
　——論　13, 22, 23, 146-148, **216**
実体　32-34, 36, 38, 39, 44, 45, 48, 49
しみ出し議論　81, 82, 84, 91, 93
社会性昆虫　1, 2, 15
種　145-147, 150-152
　——概念　121, 122, 130, 131, 136-138
　　生物学的——　122-126, 128, 130, 132, 133, 135, **220**
　　分類学的——　125, **226**

系統学的——　122, 123, 127, 129, 130
　　生態学的——　123, 126
　　結合的——　123, 126
　　——カテゴリー　147, 148, 150
　　——選択　48-50
　　——タクソン　147-150
　　——の個物説　122, 131-133, **217**
　　——問題　121, 124, 135, 138, 145, 150-152
集団　84, 90-93
　　——的思考　90
　　——選択　1-4, 14, 17, 19, 21-23, 170
　　デーム内——　3, 18, 19, 21,
主観説　201, 202
準分解可能性　31, **217**
自律性　105, 108, 109, 113
　　——議論　81
進化　36-40, 45, 47, 50
　　——記述倫理学　186, 189, 196, 203
　　——規範倫理学　186, 187, 196, 199, 200, 203
　　——ゲーム理論　10
　　——心理学　163, 173-177, 187, 203, **218**
　　——的適応環境　174, **218**
　　——メタ倫理学　186, 188, 202, 203
　　——倫理学　185, 186, 188, 191, 203, 204, **219**
　　——的利己性　191, 193, 195
　　——的利他性　191-193, 195, **219**
心理的利他性　192, 193, **219**
　　極度な——　193, 194
　　適度な——　193-195
心理的利己性　192, 193
　　極度な——　193, 194,
　　適度な——　193-195,
生気論　57-59, **210**
生殖隔離　124, 126, 128, 136, **220**
選択の単位　1, 2, 4, 6, 9, 10, 14, 22, 23

タ行

多元主義　122, 130, 131, 136, 137

多元論　12, 23
多重実現　100, 101, 103-109, **222**
単系統　127-130, 136, **222**
「である」言明　198
適応　60, 66, 70, **222**
　　——形質　166, 173
　　——主義　69, 71, 72, **222**
　　——度　36, 37, 45-48, 75, 77, 82, 90, 91, **223**
道徳
　　——感情　203
　　——起源論　186
　　——心理学　189
　　——判断　188
突然変異　81-83, 85-87, **223**

ナ行

二重継承説　163, 168-173, **224**
ニュートン力学　75, 92
人間行動生態学　163, 177-180, **224**
人間社会生物学　163, 164-168, **224**
能動的な生殖系列複製子　5, 14

ハ行

橋渡し法則　96-105
発見法　65-72
発生　70-72
　　——的制約　71,
パラダイム法　66
半倍数性　16
非決定論　81, 82, 84, 85, 87, **213**
ヒュームの法則　197-199, 202
表現型戦略　179
複数レベル選択　23
負のフィードバック　58-60
分岐学　127, 128
分類
　　——科学　142, 144, 157, 158
　　——群　145
　　——思考　144, 155-158, 160
平均化の誤謬　20

236　事項索引

「べし」言明　198
ヘテロ接合体優位　7, 9, 12, 14, 21, 22
ホムンクルス　113, 114, 116, 227
ホモロジー　69, 227
本質主義　124, 129, 132-134, 227
　心理的——　149, 151, 157, 219

マ行

ミーム論　168-169, 228
メタファー　155-158, 228
メトニミー　155-158, 228
メレオロジー　149, 158, 228
目的因　40
目的論　40, 53, 54, 229
目的律　40, 61, 229

モーガンの公準　190
モジュール　164, 174-177, 219
模倣バイアス　170

ヤ行

唯名論　146-148, 216

ラ行

ラプラスの魔物　76, 89-92, 229
リバース・エンジニアリング　66-69, 71, 72, 230
量子力学　76, 77, 81, 83-85, 87, 92
理論共進化　109, 114-116
歴史科学　142,
歴史記述的科学　159

執筆者紹介 (執筆順, *編者)

松本　俊吉（まつもと　しゅんきち）*
1963年生まれ．東北大学大学院文学研究科博士後期課程中退．現在，東海大学総合教育センター教授．専門は科学哲学，特に生物学の哲学．

中島　敏幸（なかじま　としゆき）
1958年生まれ．東北大学大学院理学研究科生物学専攻博士課程修了．現在，愛媛大学大学院准教授．理工学研究科環境機能科学専攻．専門は進化生物学，理論生物学．

大塚　淳（おおつか　じゅん）
1979年生まれ．京都大学大学院文学研究科博士後期課程研究指導認定退学．現在，Indiana University, Department of History and Philosophy of Science博士課程在籍．専門は近世哲学，生物学の哲学．

森元　良太（もりもと　りょうた）
1975年生まれ．慶應義塾大学大学院文学研究科博士課程単位取得退学．現在，慶應義塾大学ほか非常勤講師，日本学術振興会特別研究員．専門は生物学の哲学，確率論の哲学．

太田　紘史（おおた　こうじ）
1980年生まれ．現在，京都大学大学院文学研究科博士後期課程在籍，日本学術振興会特別研究員．専門は心の哲学．

網谷　祐一（あみたに　ゆういち）
1972年生まれ．ブリティッシュ・コロンビア大学大学院在籍中．専門は科学哲学，生物学の哲学．

三中　信宏（みなか　のぶひろ）
1958年生まれ．東京大学大学院農学系研究科博士課程修了．現在，独立行政法人・農業環境技術研究所・生態系計測研究領域上席研究員．専門は進化生物学，生物統計学．

中尾　央（なかお　ひさし）
1982年生まれ．京都大学大学院文学研究科博士後期課程研究指導認定退学．現在，日本学術振興会特別研究員，京都大学文学部非常勤講師．専門は生物学・心理学の哲学．

田中　泉吏（たなか　せんじ）
1980年生まれ．京都大学大学院文学研究科博士後期課程研究指導認定退学．現在，日本学術振興会特別研究員，京都大学文学部非常勤講師，慶應義塾大学准訪問研究員．専門は生物学の哲学．

進化論はなぜ哲学の問題になるのか
生物学の哲学の現在〈いま〉

2010年7月20日　第1版第1刷発行
2011年2月20日　第1版第3刷発行

編著者　松本俊吉
発行者　井村寿人

発行所　株式会社　勁草書房
112-0005 東京都文京区水道2-1-1　振替 00150-2-175253
（編集）電話 03-3815-5277／FAX 03-3814-6968
（営業）電話 03-3814-6861／FAX 03-3814-6854
堀内印刷所・牧製本

©MATSUMOTO Shunkichi　2010

ISBN978-4-326-10198-6　Printed in Japan

JCOPY ＜㈱出版者著作権管理機構　委託出版物＞
本書の無断複写は著作権法上での例外を除き禁じられています。
複写される場合は、そのつど事前に、㈱出版者著作権管理機構
（電話 03-3513-6969、FAX 03-3513-6979、e-mail: info@jcopy.or.jp）
の許諾を得てください。

＊落丁本・乱丁本はお取替いたします。

http://www.keisoshobo.co.jp

▼待望の復刊

E・ソーバー／三中信宏訳
過去を復元する　　　5250円
　　　最節約原理，進化論，推論

▼双書　現代哲学　最近20年の分析的な哲学の古典を紹介する翻訳シリーズ
[四六判・上製]

F・ドレツキ／水本正晴訳
行動を説明する　　　3570円
　　　因果の世界における理由

J・キム／太田雅子訳
物理世界のなかの心　　　3150円
　　　心身問題と心的因果

S・P・スティッチ／薄井尚樹訳
断片化する理性　　　3675円
　　　認識論的プラグマティズム

D・ルイス／吉満明宏訳
反事実的条件法　　　3990円

C・チャーニアク／柴田正良監訳
最小合理性　　　3465円

L・ラウダン／小草・戸田山訳
科学と価値　　　3570円
　　　相対主義と実在論を論駁する

＊表示価格は2011年2月現在．消費税は含まれております．